高等院校计算机教育系列教材

面向对象程序设计(C#)

廖浩德　主　编

杨　力　向海昀　杨　云　汪立欣
张豫新　符　晓　王世元　高　磊　副主编

清华大学出版社
北　京

内 容 简 介

面向对象程序设计范式具有封装、继承、多态等特点，能显著提高程序的可重用性和可扩展性，是现代开发大型应用软件的主要技术。掌握面向对象软件开发方法，可大幅度提高复杂软件系统的生产率和质量。本书用 C#语言和.NET 框架技术描述并介绍了面向对象程序设计的核心概念、基本原理、基本技术和方法，内容涉及变量、数据类型、运算符、程序流程控制等基础程序设计，类、对象、封装、继承、多态、接口等面向对象程序设计，数值、文字、集合、泛型、委托、事件、控件、图形、文件、数据库等实用化程序设计，重点培养读者用面向对象程序设计范式解决实际问题的能力。

全书共分 9 章。第 1 章介绍面向对象技术的由来、地位及其重要性。第 2 章从计算机的角度介绍程序设计基础，涉及变量机制和过程式程序设计思想。第 3 章从人的角度介绍高端程序设计，涉及分类机制和面向对象程序设计思想，重点解析抽象、封装、继承、多态、接口等概念及其实现机制。第 4 章对比分析过程式、面向对象、面向接口、组件化等程序设计范式的应用，体验利用面向对象思想进行程序设计所带来的好处。从第 5 章开始，按软件分层体系结构，介绍用户界面层、业务逻辑层、数据访问层的实现技术。其中，第 5 章涉及业务逻辑层技术，介绍科学计算、文字处理、时间、事件等常见数据结构类的使用。第 6 章涉及用户界面层技术，介绍各种控件类的使用。第 7 章涉及数据访问层技术，介绍文件和数据库类的使用。第 8 章涉及数据的可视化技术，介绍图形、图像、动画等多媒体类的使用。第 9 章基于企业信息化目标，用一个管理信息系统原型的实现过程介绍面向对象技术的综合运用。

本书思路新颖、图文并茂，适用于计算机类专业(包括但不限于计算机科学与技术、软件工程、网络工程、信息安全、物联网工程等)的面向对象程序设计、桌面应用软件开发等课程教学，也可供从事软件开发的科研人员使用。

图书在版编目(CIP)数据

面向对象程序设计(C#)/廖浩德主编. —北京：清华大学出版社，2018(2021.7重印)
(高等院校计算机教育系列教材)
ISBN 978-7-302-50798-7

Ⅰ.①面… Ⅱ.①廖… Ⅲ.①C++语言—程序统计—高等学校—教材 Ⅳ.①TP312.8

中国版本图书馆 CIP 数据核字(2018)第 179041 号

责任编辑：姚 娜 刘秀青
装帧设计：李 坤
责任校对：吴春华
责任印制：沈 露
出版发行：清华大学出版社
    网 址：http://www.tup.com.cn, http://www.wqbook.com
    地 址：北京清华大学学研大厦 A 座   邮 编：100084
    社 总 机：010-62770175   邮 购：010-62786544
    投稿与读者服务：010-62776969, c-service@tup.tsinghua.edu.cn
    质量反馈：010-62772015, zhiliang@tup.tsinghua.edu.cn
    课件下载：http://www.tup.com.cn, 010-62791865
印 装 者：涿州市京南印刷厂
经 销：全国新华书店
开 本：185mm×260mm 印 张：14.25 字 数：346 千字
版 次：2018 年 9 月第 1 版   印 次：2021 年 7 月第 4 次印刷
定 价：39.80 元

产品编号：079756-01

前　　言

　　镰刀、锄头等第一代人力工具可把物质资源加工成材料，扩展了人的体质功能，孕育了农业时代的生产力，创建了农业文明。机车、机床等第二代动力工具可把能量资源转换成为动力，扩展了人的体力功能，形成了工业时代的生产力，建立了工业文明。

　　20 世纪后半叶，人类开始认识到信息也可以作为一种资源，甚至是更为重要的资源。综合利用物质材料、能源动力和信息知识，可制造新一代既有活力又有智能的生产工具。第三代生产工具用于扩展人类的智力功能，从而培育出信息时代的生产力，把工业文明进一步升华为更加辉煌的信息文明。

　　为迎接信息社会的来临，以信息化带动工业化，以工业化促进信息化，走出一条科技含量高、经济效益好、资源消耗低、环境污染少、人力资源优势得到充分发挥的新型工业化道路，是世界各国现代化的必然选择。

　　在引领时代的软件行业，软件工程师始终是最为紧俏的科研人才。当今软件开发人才的培养速度难以企及软件行业的发展，主要在于对程序设计的片面理解和传统的教育模式。随着软件技术的发展，企业对软件人才的需求不再呈现金字塔式的结构。现在，许多初级程序设计工作更多的是使用自动化工具完成，程序设计的门槛已经降低。在人才培养上，过多地强调程序设计语言的语法式教学或过细地解析 API 的列表式培训已经不合时宜，难以有效地培养合格的软件工程师。

　　众所周知，作为第三代智能工具的典型代表，计算机的主要功能是实现计算的自动化，涉及计算的对象(数据)和计算的过程(算法)。数据和算法用程序来描述，计算自动化的核心任务就是程序设计。除了数据和算法，程序设计还涉及程序设计语言、计算环境、程序设计范式等多个方面。程序设计类的教材，有的突出程序设计语言，有的偏重程序设计工具，难以将程序设计所涉及的方方面面有效结合起来。本书以面向对象范式为主线，将程序设计语言、工具库和方法学等有机"串接"起来，注重文化传承，中西结合，以及现实世界与机器世界的关联，旨在培养深刻理解程序设计核心概念、基本原理，掌握实用程序设计技术和方法，具备自主学习和终身学习的意识，具有不断学习、适应发展、能解决实际应用问题的能力的实用型软件工程师。

　　面向对象程序设计范式具有封装、继承、多态等优点，能显著提高程序的可重用性和可扩展性，是现代开发大型应用软件的主要技术。支持面向对象程序设计范式的程序设计语言有很多，如 C++、Java、C#等。20 世纪 80 年代以来，C/C++一直是使用最为广泛的商业化程序设计语言。高校计算机相关专业普遍开设有面向对象程序设计类课程，使用的教材一般是用 C++进行描述的。但是，C++过度的功能扩张破坏了面向对象的设计理念，而且学习周期长，开发效率低，软件行业迫切需要一种能在控制力和生产率之间达到良好平衡的全新程序设计语言。因此，C++已经难以适应行业和高校的教学要求。C#是一种简单、现代、通用、完全面向对象的程序设计语言。它从 C/C++发展而来，汲取了 C/C++、Delphi、Java 等多种语言的精华，具有语法简洁、与 Internet 结合紧密、安全高效、灵活兼容等优点。

C#语言简洁易懂，更适合高校和培训机构传授面向对象设计理念和技术。从 C#入手，可以更容易体验和感悟现代化程序设计方法和技术，掌握可重用面向对象软件的开发方法，大幅度提高复杂软件系统的生产率和质量。本书是我校"面向对象程序设计"精品资源共享课程教改研究的结晶，用 C#语言描述和介绍面向对象程序设计范式，思路新颖、图文并茂，不仅适用于本科院校的学生，也可作为各类培训班学生面向对象程序设计或桌面应用开发类课程的首选学习用书。

本书作者是具有软件开发和项目管理经验的大学教师。作为国家注册的高级程序员，在软件企业长期从事软件开发、程序设计、技术培训等工作，开发过多项软件系统。从教后，主讲计算机科学基础、面向对象程序设计、软件工程、程序设计范式、软件设计模式、软件项目管理等多门课程，对软件工程、程序设计、技术培训、专业教育等有着深刻的理解和丰富的实践经验。本书是作者教学和培训经验的积累，具有如下特色。

(1) 概念探源：计算机科学知识源于欧美国家，从源头梳理概念可以帮助读者把握知识发展脉络，为跟踪学习先进技术指引方向，培养技术研究能力和终身学习意识。本书的大部分核心概念都从 Wikipedia 指出出处，对一些容易引起混淆的概念，都针对原文进行了详细解析。我国计算机相关术语来自英文资料，在引进时可能会遇到翻译障碍。例如，C 语言的"函数"由 function 翻译而来，而"函数"术语本身是由清朝数学家李善兰翻译而来。但从程序设计角度，function 译为"功能模块"或"过程模块"也许更便于理解。本书的概念探源试图引导学生从概念入手逐步加深对程序设计语言实现机理的理解，进而掌握程序设计技术和方法。

(2) 注重思想：一种程序设计语言可以体现多种范式，如 C#语言既支持过程式，也支持面向对象、组件化等思想；一种范式也可以在多种程序设计语言中体现，如 C++、Java、C#等语言都支持面向对象程序设计范式。每门语言都有各自的特点及难点。针对不同的任务，应该用不同的语言实现。同一个任务，用同一种语言实现，不同的方法会有不同的效率。本书解析了用不同思想解决同一问题的优缺点，以加深对面向对象程序设计范式的理解。书中还适当点缀中国文化思想，在增强趣味性的同时，对于中西方文化的结合和传承也有一定的启示意义。

(3) 分层递进：从基础级的变量与过程到对象级的封装、继承与多态，从模式级的委托与事件到实用级的集合与泛型，从应用级的图形处理、文件存储、数据库访问到企业级的复杂软件项目开发，逐层递进，分类学习。本书前半部分(第 1～4 章)以概念及 C#语言实现机理为主，强调计算机与现实之间的关系；后半部分(第 5～9 章)以应用.NET 框架类为主，强调程序设计的实用性。

(4) 案例驱动：本书所涉及的主要概念都以完整的案例加以说明，与现实紧密结合，避免了技术的枯燥性，增强了实用性和趣味性。第 6～8 章用一个完整的案例串接起来形成一个有机的整体，为实现多层应用程序打下基础。第 9 章以企业信息化为目标，实现了一个基于分层软件体系结构的管理信息系统的原型。以此案例作为软件开发能力构建的目标，可有的放矢地驱动学习的进程。

另外，本书还为重要的知识点配备了全程板书式授课的教学微视频，可用于 MOOC 模式的教学或自学。

在本书的编写过程中，参考了很多国内外同行的有关资料，西南石油大学计算机科学

学院的廖浩德、杨力、杨云、高磊、王世元，现代教育中心的向海昀、汪立欣，教务处的符晓等教师参加了写作思路的研讨、收集资料、编写和程序调试等工作。张豫新全程负责教材的编写和出版事宜，包括案例设计、文字录入、图形绘制、内容合成和编辑审校等。西南石油大学教务处、教材科、计算机科学学院和理学院等部门的领导、工作人员和教师多年来对作者始终给予了热情的支持和鼓励。清华大学出版社对本书的出版十分重视并做了周到的安排，使本书得以在短时间内顺利出版。在此向他们表示诚挚的谢意。

　　由于作者水平有限，疏漏之处在所难免，敬请广大读者批评指正。

编　者

目 录

第1章 概　　述

1.1　面向对象探源

Object-oriented programming (OOP) is a programming paradigm based on the concept of "objects", which may contain data, in the form of fields, often known as attributes; and code, in the form of procedures, often known as methods.

——摘自 https://en.wikipedia.org/wiki/Object-oriented_programming

开宗明义，概念先行。这段摘自 Wikipedia 的英文原文介绍的 Object-oriented programming 在我国大陆译为"面向对象程序设计"。这个术语一般用其缩写 OOP 简称，由来已久，早已响彻业界。后续章节将以这个定义为主线，围绕相关概念展开学习和讨论。本节介绍与此相关的行业大背景，追根溯源，了解面向对象概念、.NET 平台，以及 C#语言的来龙去脉，为深入学习相关理论和技术做好准备。

1.1.1　关于计算

说到计算，人们并不陌生。形容一个人"精于计算"，一般是指其数学功底深厚。这里的计算(computing)，特指与计算机相关的目标导向活动，包括计算机软硬件系统的设计和建造、信息的采集和处理、通信和娱乐媒体的创建与使用，以及用计算机进行科学研究等。简而言之，这里的计算是计算机设计和使用的研究，包括理论、实验和工程等。计算机的主要功能是实现计算的自动化，涉及计算的对象(data，即数据)和计算的过程(algorithm，即算法)。数据和算法用程序(program)来描述，计算自动化的核心任务就是程序设计(programming)。

随着计算理论的日渐成熟和计算系统的飞速发展，计算科学已划分成许多理论和实践领域。从工程角度看，计算机硬件制造和软件开发各自发展，形成了计算机工程和软件工程两大独立的学科。计算机硬件和软件产品集成起来，可应用于不同的领域，形成各种各样的信息系统(相关技术统称为信息技术)。当然，不管怎么演化和划分，程序设计都是最为基本的活动，是各计算学科都不可或缺的内容。计算机科学的发展如图 1-1 所示。

程序由描述计算对象的数据结构和描述计算过程的算法构成，程序设计还涉及表示程序的语言(即程序设计语言)和运行程序的平台(即计算环境)。就程序运行平台来说，从早期基于单机的主机计算到后来基于 Internet 的网络分布计算，计算环境发生着深刻的变革。只有真正了解计算环境的这种翻天覆地的变化，才有可能理解新一代程序设计语言所提供的机制和特性，并快速掌握这些更为先进的程序设计技术和方法。

计算机科学的
发展.mp4

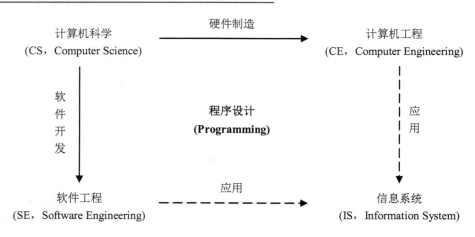

图 1-1　计算机科学的发展

1.1.2　主机计算

现代计算机遵循的是匈牙利数学家约翰·冯·诺依曼(John von Neumann)于 1945 提出的体系结构，如图 1-2 所示。这种体系结构由中央处理器(Central Processing Unit，CPU)、存储器(Memory Unit)、输入设备(Input Device)和输出设备(Input Device)构成。其中，CPU 又由算术/逻辑运算器(Arithmetic/Logic Unit)、处理器寄存器、含有指令寄存器和程序计数器的控制器(Control Unit)构成。由于存储器用于存储数据和指令，这种体系结构的计算机又称为存储程序(stored-program)计算机。

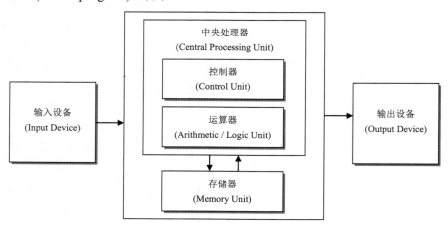

图 1-2　冯·诺依曼体系结构

基于冯·诺依曼体系结构的计算系统(computing system)由硬件(hardware)和软件(software)组成，如图 1-3 所示。硬件是构成计算系统的物理部件的集合，都是有形的物体，包括主机和外部设备两大部分。主机的核心是一块集成电路主板，用于连接计算机的其他部分，包括 CPU、存储器、磁盘驱动器(如 CD、DVD、硬盘等)。主机可以通过主板上的端口或扩展槽连接外部设备，如显示器、键盘、打印机、音箱、麦克风等。软件是能够被硬件存储和执行的指令的集合，一般分为系统软件和应用软件两个部分。系统软件包括设备驱动程序、操作系统和一些用于计算机维护的实用工具软件；应用软件则泛指系统软件之外的所有软件。

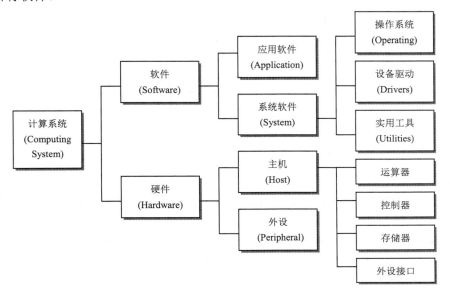

图 1-3 计算系统组成

计算环境是指运行应用程序的平台，包括硬件平台和软件平台，如图 1-4 所示。

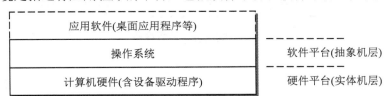

图 1-4 主机计算环境

在图 1-4 中，底层是计算机实体层，可以是各种品牌和类型的计算机。硬件之上是操作系统，用于管理计算机的软硬件资源并提供公共服务，就像一台扩展了硬件功能的虚拟机，一般视为抽象机层。抽象机也可以有多层，如运行 Java 程序的 JVM(Java Virtual Machine)、运行 C#程序的 CLR(Common Language Runtime)等都属于虚拟机。这里的主机计算是指基于单台计算机的程序运行环境，对应的程序设计相对比较简单。

1.1.3 网络分布计算

Internet 出现后，随着网络应用需求的飞速增长，网络分布计算逐渐成为新一代计算和应用的主流。这时的计算涉及主机之间的资源共享和协同工作，如图 1-5 所示。

网络分布计算.mp4

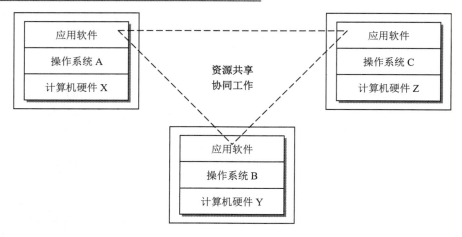

图 1-5　网络分布计算的主要特征

图 1-5 所示的计算环境，真正的挑战来自如何突破软件平台、硬件系统、时间、地点的限制。计算机硬件可能是不同厂商生产的，型号可能不同；操作系统可能是 Unix、Windows 等不同软件；计算机系统可能分布于不同的地点；用户可能在不同的时间使用应用软件。图中看似分布在不同地点不同平台上的应用软件其实是一个整体，如图 1-6 所示。

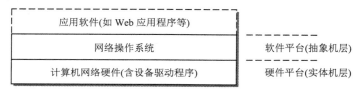

图 1-6　网络分布计算环境

1.1.4　组件技术

组件技术.mp4

在从主机计算向网络分布计算过渡的过程中，软件系统的规模和复杂度呈几何级数增加，程序设计语言和方法都面临着前所未有的挑战。

面对规模越来越大的软件，为了降低复杂度，提高开发效率，人们提出了组件式程序设计方法。组件式方法是"搭积木"思想在程序设计领域的开拓性应用。因为组件(积木)具有可重用性和互操作性，可以通过组件集成来高效地构建复杂的软件系统。

20 世纪 90 年代以来，出现了三种典型的组件技术，即 CORBA、COM、JavaBeans。

1. CORBA

CORBA (Common Object Request Broker Architecture，公共对象请求代理体系结构)是 OMG(Object Management Group，对象管理组织)于 1991 推出的组件技术。OMG 于 1989 年由 3COM、Apple、美国航空、佳能、DG、HP、IBM、Philips、Unisys 和 Sun 等多家公司联合创建，是一个开放型非营利组织，负责制定和维护协同企业应用的计算机工业规范。发展至今，已有八百多家公司、大学和国际组织参与其中。OMG 制定的其他标准还有

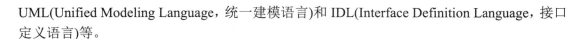

UML(Unified Modeling Language，统一建模语言)和 IDL(Interface Definition Language，接口定义语言)等。

2. COM/DCOM/COM+

COM(Component Object Model，组件对象模型)是微软公司于 1993 年提出的一种组件技术，是软件对象组件之间相互通信的一种方式和规范，是一种平台无关、语言中立、位置透明、支持网络的中间件技术。DCOM(Distributed COM，分布式 COM)和 COM+是 COM 的发展，分别于 1996 年和 1999 年推出。

3. JavaBeans

JavaBeans 是 Sun 公司于 1997 年在 Java 的 JDK 1.1 中引入的组件技术，是一个面向对象程序设计接口，可以用它创建可重用的应用程序或能在主流网络操作系统平台配置的程序模块(组件)。

CORBA、COM、JavaBeans 各有优缺点，都面临着不断改进和发展的要求。例如，继 CORBA 1.0 后，OMG 又分别于 1996 年 8 月推出 2.0、2002 年 7 月推出 3.0，目前的最新标准是 2004 年 3 月 12 日推出的 CORBA 3.0.3。Sun 于 2000 年随 J2EE(Java 2 Platform, Enterprise Edition，Java 2 平台企业版)引入服务器端的组件技术 EJB(Enterprise JavaBeans，企业级 JavaBeans)和网页编程工具 JSP(Java Server Page，Java 服务器网页)，使得 Java 成为一种功能完备的分布式计算环境。COM 源自 OLE(Object Linking and Embedding，对象链接和嵌入)，OLE 源自 DLL(Dynamic Link Libraries，动态链接库)，ActiveX 控件是 COM 的具体应用，ATL(Active Template Library，活动模板库)是开发 COM 的主要工具，也可以用 MFC 直接开发 COM。继 COM+后，微软又于 2002 年推出了.NET 框架，其核心技术就是用来代替 COM 组件功能的 CLR(Common Language Runtime，公共语言运行库)。

这些组件技术是各大公司为使软件开发更符合人类的行为习惯而开发的新技术。利用这些技术，可以开发出各种各样的功能组件，将它们按需组合，就可以构成复杂的应用系统。

这样做不仅能提高软件定制的效率和软件产品的质量，也使得软件系统易于升级和维护。例如可以"现场"替换软件系统中的组件、可以在多个软件系统中重用同一个组件、可以方便地将组件部署到分布式网络环境等。

CORBA、COM、JavaBeans 等组件技术都与面向对象技术密切相关。要掌握组件式程序设计方法，面向对象技术是关键。

1.1.5　面向对象技术

现在回到本章开篇主题"面向对象程序设计"，中英对照如下：

面向对象核心
概念.mp4

Object-oriented programming (OOP) is a programming paradigm
面向对象程序设计(OOP)是一种程序设计范式，

based on the concept of "objects",
它基于"对象"概念，

which may contain
对象可以包含：

data, in the form of fields, often known as attributes;
数据，以字段的形式体现，常称为属性；

and code, in the form of procedures, often known as methods.
代码，以过程的形式体现，常称为方法。

类的世界.mp4

"对象"，也许是学习程序设计技术的路上最易明白的概念了。我们看到的每个从身边走过的人，就是一个个具体的对象。对象有其自身的特性，如年龄、身高等，也有其自身的行为，如走路、微笑等。对应到程序设计，由于派别或翻译等原因，很容易把这些原本简单的概念弄混淆了。这涉及三个"世界"的术语转换问题，如图 1-7 所示。

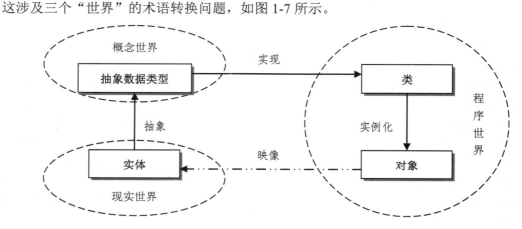

图 1-7　三个世界的变换

首先是从现实世界向概念世界过渡。例如，现实世界中的一个人事部门，有许多实实在在的员工"实体"。要对这些员工进行有效的管理，需要对他们进行了解。人事部门经理分析这些员工，在大脑(概念世界)中对员工信息进行抽象，形成了自己的看法(关注点)，建立了信息模型(即抽象数据类型)，如图 1-8 所示。

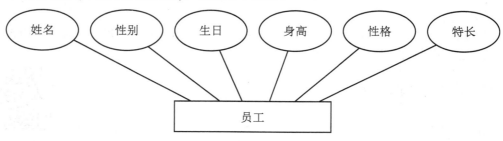

图 1-8　员工信息

当然也要关注他们的行为表现，如签到、写作、说话等。

作为软件工程师，要为这个部门经理开发一套人事管理软件，就得把部门经理的概念模型转换成程序世界的"类"，如图 1-9 所示。

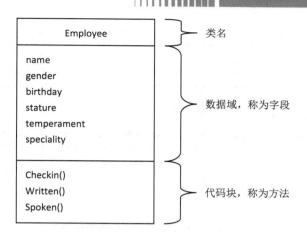

图 1-9 员工类

程序世界的类相当于一个模板，利用这个模板可以创建具体的"对象"。例如：

```
Employee emp = new Employee();   //用 Employee 类实例化一个 emp 对象
emp.name = "张三";                //emp 对象映射了现实世界中张三这个员工
```

本书第 2 章、第 3 章将具体介绍数据字段的表示、代码过程的实现。

1.2　.NET 框架

微软公司于 2000 年 6 月推出了用来代替 COM 的.NET。这是微软面向第三代 Internet 的计算计划，是微软继用 Windows 取代 DOS 之后的又一项战略性举措。.NET 是一个分布式计算环境，提供了一个安全、一致、标准的模型和环境，简化了分布式应用程序开发的难度，能大幅度地提高软件系统的生产率和质量。它面向异构硬件平台、操作系统和网络，为软件提供最大限度的可重用性、互操作性和可扩展性，以实现软件系统之间的智能交互和协同工作，提高整个网络的利用率和效率，特别是企业级的系统集成和资源优化，给开放性企业的生产力水平带来质的飞跃。目前，.NET 已成为 Windows 应用和 Web 应用的主流开发模型。

1.2.1　微软技术的发展

微软技术的发展路线如图 1-10 所示。

20 世纪 90 年代末，使用 Microsoft 平台的 Windows 程序设计演化出了许多分支：大多数程序员使用的是 Visual Basic、C 或 C++，使用 C 和 C++的程序员中，有的使用 Win32 API(Application Programming Interface，应用程序设计接口)，有的使用 MFC(Microsoft Foundation Classes，微软基础类库)，有的程序员已经转向 COM。

.NET 技术.mp4

这些技术都有自身的问题。例如，Win32 API 不是面向对象的，使用它比使用 MFC 需要更多的工作量；MFC 是面向对象的，但缺乏一致性；COM 概念简单，但实际编码很复杂且代码也较难阅读。况且，这些程序设计技术主要针对的是桌面应用开发，对 Internet 则显得力不从心。

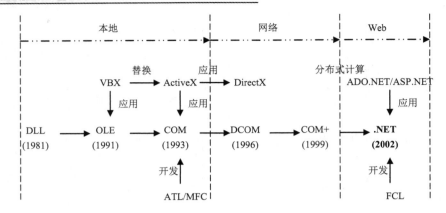

图 1-10　微软组件技术的发展历程

早期的程序代码短小精悍。随着问题规模的越来越大，程序代码也越来越复杂。难以阅读的程序代码必然会给开发和维护带来困难。于是，程序员开始重温那"激情燃烧的岁月"，希望用一种集成的、面向对象的开发框架把一致性和优雅性带回到程序中，回归到代码简洁的时代。为此，他们对下一代计算平台提出了新的要求，希望达到以下目标。

1. 运行环境(Execution Environment)

(1)　安全(Security)；
(2)　多平台(Multiple Platforms)；
(3)　性能(Performance)。

2. 开发环境(Development Environment)

(1)　面向对象的开发环境(Object-Oriented Development Environment)；
(2)　一致的程序设计体验(Consistent Programming Experience)；
(3)　用行业标准进行沟通(Communication Using Industry Standards)；
(4)　简化开发(Simplified Development)；
(5)　语言独立(Language Independence)；
(6)　互操作(Interoperability)。

为了满足这些需求，微软公司开始开发一个能满足这些目标的代码运行环境和应用开发环境，这就是.NET。

.NET 将 Internet 作为构建新一代操作系统的基础，在理念中包含了对操作系统和网络设计思想的延伸。微软计划用.NET 彻底改变软件的开发、发行和使用方式，构建第三代 Internet 平台，解决各种协同合作的问题，实现信息的高效沟通和分享，让整个 Internet 为人们提供全方位的服务。

1.2.2　.NET 规范及其实现

.NET 规范.mp4

微软为.NET 技术制定了一套完整的规范 CLI(Common Language Infrastructure，公共语言基础结构)。CLI 是针对可执行代码格式，以及能执

行该代码的运行环境的一种技术规范，包括 CTS(Common Type System，公共类型系统)、CLS(Common Language Specification，公共语言规范)、CIL(Common Intermediate Language，公共中间语言)，以及其他相关的标准化文档、协议和规范等。

CTS 定义了一套类型系统的框架，是被编译器、工具和 CLI 本身所共用的一种统一类型系统。CTS 是一个模型，定义了在声明、使用和管理类型时，CLI 应遵循的规则。CTS 框架使跨语言集成、类型安全和高性能的代码执行成为可能。CLS 是一组语言规则的集合，是语言设计者和框架(类库)设计者之间的一种协定。如果某语言符合 CLS 的所有规则，就是标准的.NET 语言，可与其他.NET 语言跨语言集成；如果某组件使用了 CLS 规定的功能，就是标准的.NET 组件，可与其他.NET 组件交互。CIL 则是一种中性的、与处理器无关的指令语言，任何.NET 程序都可被编译成 CIL 代码，CIL 代码可以被翻译成不同系统平台的机器代码。

微软在 Windows 平台实现的 CLI 就是.NET 框架(Framework)。该框架由程序设计工具、FCL(Framework Class Library，框架类库)和 CLR(Common Language Runtime，公共语言运行机)构成，如图 1-11 所示。

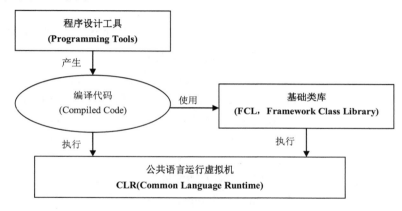

图 1-11 .NET 框架的构成

CLR 是程序的运行环境，它管理程序的运行，包括内存管理、垃圾回收、代码安全验证、代码执行、线程管理，以及异常处理等。BCL 是一个大型类库，.NET 框架和程序员都可以使用。程序员编码和调试时使用的程序设计工具包括 Visual Studio 集成开发环境(IDE)、.NET 兼容的编译器(例如 C#、Visual Basic .NET、F#、IronRuby、managed ++等)、调试器，以及诸如 ASP.NET、WCF 的 Web 服务器端开发技术。

CLR 改变了传统的主机计算结构，如图 1-12 所示。

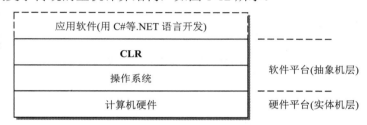

图 1-12 基于 CLR 的主机计算环境

可以看出，由于用.NET 语言开发的应用程序运行在 CLR 上，因此，CLR 相当于操作系统之上的又一层虚拟机。CLR 对程序执行的细节进行了包装，程序员无须关注程序的执行环境，只需专注于程序的业务逻辑和功能流程，从而提高了开发效率。

1.3 C#程序设计语言

20 世纪 80 年代以来，C/C++一直是使用最为广泛的商业化程序设计语言。C/C++具有复杂的底层控制能力，但程序的安全性缺乏保障，且学习周期长，开发效率低。软件业迫切需要一种基于 Web 标准的全新程序设计语言，将底层系统控制和高端应用开发紧密结合起来，在控制力和生产率之间达到良好的平衡，C#语言应时而生。

1.3.1 C#语言的特点

C# is a simple, modern, general-purpose, object-oriented programming language.

C#语言简介.mp4

——摘自 https://www.microsoft.com/net/

C#是一种简单、现代、通用、面向对象的程序设计语言。

C#语言的语法与 C/C++、Java 风格类似，支持简单异步模式(simple async patterns)、语言集成查询(language integrated queries，LINQ)、自动内存管理(automatic memory management)等机制，可用于移动(mobile)、Web、云(cloud)、桌面(desktop)、游戏(gaming)、物联网(IoT)等应用软件的开发。随着.NET 技术的普及，C#语言成为.NET 平台最受欢迎的开发语言。

C#从 C/C++发展而来，在继承 C/C++强大功能的同时，汲取了 Java 等多种语言的精华，兼有 Delphi 等 RAD(Rapid Application Development，快速应用开发)语言的高效性，具有语法简洁、面向对象、与 Internet 紧密集成、安全高效、灵活、兼容性好等特点。作为.NET 平台的核心语言，C#能充分享受 CLR 所提供的服务，可方便地与 VB.NET、F#等其他.NET 兼容语言开发的应用程序或组件进行集成和交互。

C#底层控制能力强，高端应用开发快。它就像一把飞刀，不花哨也不滞重，看上去十分简单，反复练习才能运用自如。庸手只能用它削削苹果，高手却能百步穿杨。

C#的学习包括 C#语言本身、FCL 类库两大部分。前者简洁，易学易用；后者庞杂，需反复琢磨，掌握类库的使用规律，持之以恒，就能成为个中高手。

1.3.2 Hello, World

"Hello, World"是跨入一门新语言的门槛，经典的 C#代码如下：

```
using System;
namespace SayHi
{
    class Program
    {
```

C#程序基本结构.mp4

```
static void Main(string[] args)
{
    Console.WriteLine("Hello, World!");
}
    }
}
```

这段代码中，只有"Console.WriteLine("Hello, World!");"是程序员自己编写的代码，其他的都可以自动生成，是控制台应用程序项目的代码框架。

Console 表示控制台类，是.NET 框架中现成的类对象。WriteLine 是 Console 类的功能之一，用于在控制台输出信息。"Hello, World!"是字符串常量，放在 WriteLine 的圆括号里即可。运行这个程序，会在屏幕上显示"Hello, World!"。

就是这么简单！这里仅用到了 Console 这个"对象"。

当然，可以稍微花点时间来看看这个控制台应用程序项目的代码框架结构。

(1) using 是 C#的关键字，表示引用其他模块(相当于 C 语言的#include)。System 是名称空间，这是.NET 的 FCL 中的基础类型所在的空间。可以把 System 理解为"程序包"，System 表示包名。要使用这个包里的东西，使用 using 可简化后续程序代码的编写工作，使得代码更加简洁。例如，本例中使用的 Console 类在 System 包中，这里引用后，后面就可以直接使用 Console，否则就得写成"System.Console"。

(2) namespace 是 C#关键字，表示名称空间、名域或包。SayHi 是程序员自己取的名称空间名(一般在创建项目时自动生成)。namespace SayHi{ …}花括号中的任何内容都属于 SayHi 这个名称空间。如果在别的名称空间中使用 SayHi 中的类，需要用 using 引用，或在类名前加 SayHi.。

名称空间可以是多级结构，理解起来也比较简单。例如，在《红楼梦》第五回中描写到：宝玉见是一个仙姑，喜的忙来作揖，笑问道："神仙姐姐，不知从那①里来，如今要往那②里去？我也不知这里是何处，望乞携带携带。"那仙姑道："吾居离恨天之上灌愁海之中，乃放春山遣香洞太虚幻境警幻仙姑是也。司人间之风情月债，掌尘世之女怨男痴。……"。这位神仙姐姐的名称空间就是：离恨天.灌愁海.放春山.遣香洞.太虚幻境。换句话说，在这个地址可以找到警幻仙姑。

名称空间的级数与实际问题有关。例如，宝玉要找警幻仙姑。如果两人此时都在太虚幻境，直接叫"神仙姐姐"交流即可，不需要限定名称空间(但两人也隐含有名称空间，即太虚幻境)。如果两人不在一起，可以写信交流，信封上必须写清楚警幻仙姑的地址。有了地址，邮递员就能快速地找到收信人。这个地址就相当于 C#的名称空间。

(3) class 是 C#的关键字，表示这是一个类的定义。Program 是类名，可以根据实际需要为类命名。class Program{ …}花括号中的任何内容都属于 Program 这个类。

(4) static void Main(string[] args){ …}是一个方法(相当于 C 语言的函数)。其中，static 关键字限定这是一个静态方法，表示该方法是唯一的；void 关键字表示这个方法不返回任何数据；Main 是该方法的名称，也是关键字，一个应用程序只能有一个 Main 方法，表示

---

① "那"通"哪"。

② 同上。

程序运行的入口；圆括号里的"tring[] args"是该方法的参数，args 是参数名，string 表示 args 的数据类型是字符串，[]表示这个参数是一个数组；花括号中的任何内容都属于 Main 这个方法。

1.4 Visual Studio 集成开发环境

微软推出的集成开发环境 Visual Studio .NET 支持对 C#等各种.NET 兼容语言的可视化程序设计，使程序员能够快速构建各类.NET 应用，方便地创建、调试和发布程序。

1.4.1 启动集成开发环境

按如图 1-13 所示顺序找到 Microsoft Visual Studio 2010(或其他版本)。

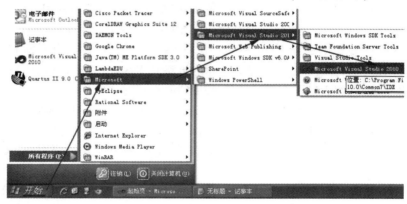

图 1-13 启动 Microsoft Visual Studio 2010

选择 Microsoft Visual Studio 2010 选项，启动集成开发环境，出现如图 1-14 所示的界面，表示启动成功。

图 1-14 集成开发环境初始界面

图 1-14 中所示的集成开发环境初始界面的格局与常用的 Office 软件大同小异：第一行是标题区，第二行是菜单区，第三行是常用工具按钮区，其余的是工作区。

1.4.2 解决方案与项目类型

程序设计的目的是解决问题。解决问题需要解决方案。问题复杂，解决方案也相应复杂，通常需要分解为若干项目。例如，新建一所学校，建校是一个解决方案，建教学楼、建校舍、建职工住宅等则分属不同的项目。

按如图 1-15 所示的菜单项顺序启动"新建项目"对话框(也可以单击如图 1-14 所示初始界面中的"新建项目"按钮)。

选择"项目"选项后，出现如图 1-16 所示的"新建项目"对话框。

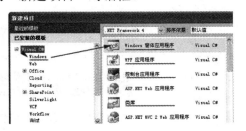

图 1-15　创建项目菜单项　　　　图 1-16　"新建项目"对话框

Visual Studio 集成开发环境为各种类型的项目提供了不同的模板。开发人员可以在这些模板的基础上创建新项目，以节省开发时间。

图 1-16 显示的是 Visual Studio 集成开发环境中预装的模板，左边是模板类别，如 Visual C#、其他语言、测试项目等。模板可以进一步细分，如 Visual C#支持 Windows、Web、Office、Cloud(云)等。当单击左边的模板类型时，右边会显示与所选模板类型对应的项目。例如，图 1-16 右边显示的就是与 Visual C#下的 Windows 对应的控制台应用程序、Windows 窗体应用程序、WPF 应用程序、类库等项目模板。

(1) **控制台应用程序**是指基于 CUI(字符用户界面)进行输入输出的应用程序，适用于初学程序设计语言的基本语法、纯粹的算法研究、一般的科学计算等对用户交互体验要求不高的场合。

(2) **Windows 窗体应用程序**是指基于 GUI(图形用户界面)进行输入输出的应用程序，适用于用菜单、按钮、文本框、列表等控件进行用户交互的场合，也是目前较为常用的应用程序类型，主要应用在管理信息系统、计算机游戏等应用领域。

(3) **WPF** 是 Windows Presentation Foundation 首字母的缩写，即 Windows 表示基础，着重 Windows 表示层的设计。这是基于 Windows 的用户界面框架，提供了统一的程序设计模型、语言和框架，以及新的多媒体交互用户图形界面。它将界面设计师从开发工程师的工作中独立出来，是数据驱动的应用程序的代表，适用于对用户交互体验有较高要求的场合。

(4) **类库**用于生成 DLL 程序，是组件式程序设计的基础。

一般来说，为节省资源和时间，在学习程序设计基础知识、面向对象基本概念时，主要用控制台应用程序模板创建项目并进行实验。而在用户交互体验要求较高的场合，例如桌面应用开发或游戏设计，则使用 Windows 或 WPF 应用程序模板创建项目。当然，对于规模较大的软件项目，应该采用组件技术进行开发，此时就要用类库模板创建项目，以实现各个组件模块。所以，建议学习路线为：控制台应用程序→Windows 应用程序→类库→WPF 应用程序→ASP.NET Web 应用程序。

1.4.3 用控制台应用程序项目实现 HelloWorld

在图 1-16 中，选择 Visual C#→Windows→"控制台应用程序"选项。

在"新建项目"对话框下方的"名称"文本框中输入项目名称，在"位置"下拉列表框中输入项目文件所在目录，如图 1-17 所示。

图 1-17　输入项目名称、位置和解决方案的名称

当勾选图 1-17 中的"为解决方案创建目录"复选框时，"解决方案名称"文本框的内容会随着项目名称的变化而改变。如果不勾选此复选框，可以把新建项目加入已存在的解决方案，此时要在"解决方案名称"文本框中输入已存在的解决方案名。

单击图 1-17 中的"确定"按钮，系统按所选模板创建控制台应用程序项目。创建成功后显示如图 1-18 所示的控制台应用程序设计界面。

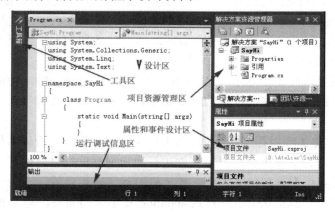

图 1-18　控制台应用程序设计界面

默认的控制台应用程序设计界面由五个部分组成，即设计区、项目资源管理区、运行调试信息区、属性和事件设计区、工具区，用户可以将界面调整成自己喜欢的视图，如设置布局、区域、字体样式等。默认视图是最常用的辅助设计区，有的望文知意，有的则用在特殊场合。例如，放置各种控件和组件的工具区、属性和事件区等主要用于 Windows 应用程序、WPF 应用程序、ASP.NET Web 应用程序等项目的 GUI 界面设计。

项目资源管理区管理的是各种类型的项目文件。该区域类似于 Windows 的资源管理器，呈树型结构。最上层是解决方案的名称，显示该解决方案包含了几个项目。解决方案的下层是项目名称。这个例子中，两者的名字一样，都是 SayHi。项目名称的下层是应用程序的特性(Properties，为避免与其下方区域中的"属性"混淆，以"特性"译之。当然最好是不译，就用 Properties，表示应用程序自身特有的性质)、引用的其他资源、源程序文件名等。这个例子中，默认(自动生成的)程序文件是 Program.cs。cs 是 C#，即 C Sharp 的缩写，表示 Program 是一个 C#源程序文件。

　　控制台应用程序的设计区就是用于编辑源程序代码的区域。图 1-17 中看到的是集成开发环境按控制台应用模板自动生成的框架代码，在这里可编辑源程序代码。

　　在图 1-18 中的框架代码的 Main 方法中添加语句，如图 1-19 所示。

　　在输入 Console 的过程中，集成开发环境会弹出相关列表供选择。熟练掌握这个技巧可以节省编码时间。在图 1-19 中弹出的列表中选择 WriteLine 或 Write，紧跟其后输入一对圆括号，在圆括号内输入"Hello, World!"，在圆括号后面输入分号结束该语句，这次设计工作就完成了，如图 1-20 所示。

图 1-19　编码

```
namespace SayHi
{
    class Program
    {
        static void Main(string[] args)
        {
            Console.WriteLine("Hello, World!");
        }
    }
}
```

图 1-20　HelloWorld 代码

　　当然，这只是完成了编写源程序代码的工作。为使得该程序能够运行，还需要对其进行编译和链接。也就是把它编译为二进制代码并与引用的其他资源链接在一起。这个过程可以利用菜单栏的"生成"→"生成解决方案"命令来完成。如果源程序代码没有任何问题，在运行调试信息区会显示"0 个错误""生成成功"等信息。

　　为简化操作，选择菜单栏的"调试"选项，弹出如图 1-21 所示用于调试程序的子菜单。其中，"启动调试"和"开始执行(不调试)"包含了程序编译、链接、运行等过程。两者的区别是：对于没有输入的控制台应用程序，选择前者，运行窗口会一闪而过，没法看清结果；选择后者，程序执行完毕后会暂停，按任意键后才关闭运行窗口。

　　选择"开始执行(不调试)"选项，程序开始运行，结果如图 1-22 所示。

　　这就是基于 CUI 的显示结果，实现了 Hello World 功能。

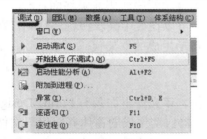

图 1-21　"调试"菜单项

图 1-22　控制台应用程序运行结果

1.4.4　用 Windows 窗体应用程序项目实现 HelloWorld

重新创建项目，再次出现图 1-16 所示界面。这次选择 Visual C#、Windows 以及"Windows 窗体应用程序"，输入项目名称，如 HelloWorld，单击"确定"按钮，系统按所选模板创建 Windows 窗体应用程序项目。创建成功后，显示如图 1-23 所示的 Windows 窗体应用程序设计界面。

图 1-23　Windows 窗体应用程序设计界面

图 1-23 所示格局与控制台应用程序设计界面相同，但内容更加丰富。

1. 设计区

与控制台应用程序的设计区一样，这里的设计区也是进行 Windows 窗体应用程序设计时最常用的区域之一。默认显示的是一个待设计的窗口界面，称为窗体，其名称 Form1 是自动生成的。右击窗体空白区域，弹出如图 1-24 所示的菜单列表。

选择"查看代码"选项，进入如图 1-25 所示的窗体源程序代码编辑界面。

图 1-25 所示界面与控制台应用程序设计区一样，可以在其中编辑源程序代码。现在看到的是集成开发环境按 Windows 窗体应用程序模板自动生成的框架代码。

2. 项目资源管理区

除了 Program.cs 文件外，多了一个 Form1.cs 文件。该文件下面列有 Form1.Designer.cs 和 Form1.resx 两个文件，前者是集成开发框架的设计器自动生成的窗体界面代码文件，后者是相关的资源文件。这两个文件一般不用手工修改。这个区域的项目资源的名称可以改

变，包括自动生成的窗体文件名。右击资源的名字，在弹出的菜单中选择"重命名"选项即可编辑新的资源名。当然，如果源程序代码中直接使用了资源名，就不要随意变动资源的名称。

图 1-24　右击窗体空白区域弹出菜单

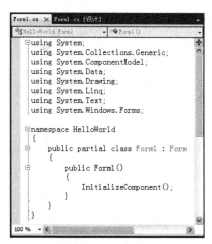

图 1-25　窗体源程序代码编辑界面

3. 工具箱

这里放置的是.NET 框架预定义的控件和组件，用于提高软件开发的效率和质量。在界面设计时，把光标移到工具箱区域，会弹出如图 1-26 所示的界面。

窗体相当于一个容器，可以从工具箱拖动所需控件到窗体进行界面设计。

为实现 HelloWord 功能，可以用工具箱里的 Label 控件来实现。这是.NET 框架自定义的控件，称为标签控件，一般用于在窗体上显示提示信息或不需要修改的数据。

从图 1-26 中拖动 Label 到窗体，如图 1-27 所示。

图 1-26　工具箱中的控件和组件

图 1-27　拖动到窗体的 Label 控件

4. 属性和事件设计区

在这个区域可以设置、编辑窗体、控件、组件等对象的属性和事件。单击窗体中的 Label 控件，其属性和事件信息如图 1-28 所示。

其中，属性指的是对象的数据值，如名称、背景色等；事件指的是发生在对象身上的事情，如在对象上单击或双击鼠标等。在图 1-28 中，单击属性按钮和事件按钮可以切换到属性列表和事件列表。列表的左边是属性或事件的名称，右边是该名称对应的取值。

属性值可以修改。例如,图 1-28 显示的是拖到窗体中 Label 控件的属性,其 Name 属性的默认值是 label1,把它改为"hi"。该 Label 的 Text 默认值也是 label1,删除其默认值,把它改为空,可以看到窗体显示的"lable1"消失了。

单击窗体的空白区域,就会在属性和事件设计区显示该窗体的信息。单击图 1-28 中的事件按钮,显示窗体的事件信息,如图 1-29 所示。

图 1-28　Label 的属性信息　　　　　图 1-29　窗体的事件信息

图 1-29 中与事件名对应的是该事件的处理程序,即一旦事件发生,会执行这段程序代码来处理这个事件。例如,Load 是窗体的载入事件。窗体创建后并不会立即显示在屏幕上,其中有一个载入的过程。换句话说,在窗体显示出来之前,可以在其载入过程中编写载入事件处理程序,做一些控件的初始化工作。双击事件名右边的事件处理程序名输入框,可以自动生成该事件的处理程序代码框架。例如,双击 Load 输入框,会自动生成 Load 事件的处理程序代码框架并显示在代码编辑区,如图 1-30 所示。

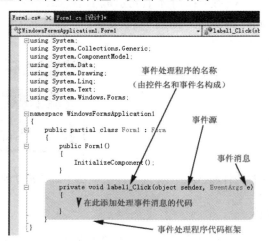

图 1-30　窗体载入事件处理程序框架代码

自动生成的事件处理程序代码由处理声明和处理体两部分组成。其中,处理声明由 4 个部分组成:private 是关键字,表示私有,即这段程序只能在 Form1 这个类中使用;接着是事件处理后返回信息的类型,void 表示不返回任何信息;Form1_Load 是程序名称,由处理事件的对象的名字和事件本身的名字自动组合而成；sender 表示事件发生的源头；e 相当于信息包裹，携带有发生事件的消息。

处理体目前只是一对花括号，表示不处理任何事情。开发人员可以在其中添加处理事件的程序代码。例如，在花括号中添加语句：

hi.Text = "Hello, World";

语句中，hi 是窗体中的 Label 对象的名字(刚才给它取的名字)，Text 是其属性。给 hi 对象的 Text 属性赋值，运行时，在窗体中显示的就是"Hello, World"。

至此，用 Windows 应用程序显示"Hello, World"的设计工作就完成了，如图 1-31 所示。

依次选择"调试"→"启动调试"选项，程序开始运行，运行结果如图 1-32 所示。

```
namespace HelloWorld
{
    public partial class Form1 : Form
    {
        public Form1()
        {
            InitializeComponent();
        }

        private void Form1_Load(object sender, EventArgs e)
        {
            hi.Text = "Hello, World";
        }
    }
}
```

图 1-31　窗体载入事件处理代码　　　图 1-32　Windows 应用程序运行结果

这就是基于 GUI 的显示结果，实现了显示"Hello, World"功能。

实现 Hello World 的过程说起来较长，但真正实现起来很快。熟悉了这个过程，再次实现这个功能，只需很短的时间即可完成任务。对于 C#初学者来说，这个过程涉及了许多不曾见过的术语，在后续章节中会一一展现。

习　题　1

1. 浏览网页 https://www.microsoft.com/net/，对 C#有个总体的了解。
2. 查找相关资料，安装 Microsoft Visual Studio 集成开发环境到自己的计算机上。
3. 按 1.4 节流程进行上机实践，熟悉 Visual Studio 集成开发环境。

第2章　程序设计基础

2.1　程序设计与编程

常言道：巧妇难为无米之炊。有米有炊，米划种类，炊分步骤，谱而记之，谓之食谱。计算机科学领域，数据为米，计算为炊，数有结构，算有过程，合而述之，谓之程序。计算机程序，译自 Computer Program，与它密切相关的术语有编码、编程、程序设计等。到底什么是程序？编程与程序设计是一回事吗？本节对这些概念进行解惑，还原其本来的含义。

2.1.1　计算机的本质

计算，是人类的本能。对于简单的算法，人们利用自己的大脑就可以快速地进行计算。稍微复杂一些的算法，则要借助手指进行辅助计算。再复杂一些，就得用算盘了。至于计算器，似乎已臻辅助计算工具的最高境界，可以用来完成从 1+1=2 的超简单算术到复杂的微积分运算任务。但这些都不能与计算机相提并论。计算器和计算机，顾名思义，都是可以用来做计算的"机器"，一个用了"机"字，另一个用了"器"字，意思似乎差不多。但作为外来语，计算器译自 calculator，计算机译自 computer，一字之异，却差别千里。那么，什么是计算机？它与计算器有何本质上的不同？

A computer is a device that can be instructed to carry out an arbitrary set of arithmetic or logical operations automatically. The ability of computers to follow generalized sequences of operations, called programs, enable them to perform a wide range of tasks.

——摘自 https://en.wikipedia.org/wiki/Computer

计算机是一种设备，可以指导它自动执行任意一组算术或逻辑运算。计算机具有依循既定顺序(称为程序)进行运算的能力，使它们能执行各种各样的任务。可以看出，计算机与其他辅助计算工具最本质的不同是，它能自动地(automatically)执行程序(program)。程序，通俗地讲，就是流程序列，也就是执行一个任务的步骤。

计算机由 CPU(中央处理器)、RAM(内存)、I/O(输入/输出接口)三大部分组成。可以把计算机想象成一种常见的餐馆。餐馆也由厨房(CPU)、库房(RAM)、前厅(I/O)三部分构成，如图 2-1 所示。

前厅有服务生接待，厨房有厨师炒菜，库房有炒菜所需的食材。作为食客，你向前厅的服务生说明饮食需求。服务生记下你的需求，传到厨房。库管按炒菜的要求到库房取来所需食材，厨师按照食谱炒菜。炒好后盛到瓷盘里，传给服务生，服务生再端给你。

与服务生交互(记录客人的需求，端来制作好的食物)，相当于进行 I/O 操作。库管到库房取来所需食材，类似于到 RAM 取数据。厨师按照食谱炒菜，对食材进行加工，等同于 CPU 的工作。CPU 由控制器、运算器、寄存器构成。其中，控制器类似于厨师的大脑；运算器相当于灶锅勺火，以及厨师的手；寄存器相当于临时存放作料和食材的碗盆碟罐。CPU 所做的一切工作都是自动进行的。

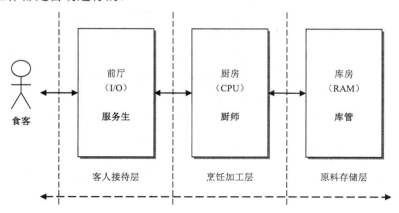

图 2-1　厨房体系结构

对于数据(食材)的储存，计算机有寄存器、RAM、外存等三级存储结构。同样是存放食材，寄存器里放的是立即要用到的，用量小，所需存储空间小，但应立即可得，速度必须快；RAM 储存的是最近可能要用到的，用量稍大，所需存储空间大，但不一定马上要用，速度稍快即可；外存相当于食材市场，应有尽有，取之不竭，所需存储空间非常大，由于在需要时才采购，对速度要求不高。

当然，一家餐馆是否顾客盈门，主要取决于是否有好的厨师。好的厨师离不开独具特色的食谱。什么是食谱？

A recipe is a list of ingredients and a set of instructions that tell you how to cook something.

——摘自《柯林斯高阶英汉双解学习词典》

由此可知，食谱(recipe)包含两个部分：一份食材清单(ingredient)，一套告诉你如何烹饪的说明。

食谱，可以记在厨师的脑海里，也可以写在纸上。在具体烹饪时，厨师根据脑海中记忆的食谱或看着写在纸上的食谱按部就班地进行各种操作。

如果让计算机来烹饪，可以把食谱放在 RAM 的代码区，各种食材放在 RAM 的数据区。烹饪时，CPU 到代码区取指令，根据指令要求到数据区取所需食材，对数据进行加工，将计算结果暂存到寄存器或数据区，再取下一条指令执行。重复这个过程，直到烹饪完毕或出现异常才终止此次任务。可以看出，计算机之所以实现了自动化操作，得益于将食谱预先存入了计算机的 RAM。这就是著名的存储程序(stored program)原理。这也是计算机的本质。

2.1.2　程序的本质

A computer program is a collection of instructions that performs a specific task when executed by a computer. A computer requires programs to function and typically executes the program's instructions in a central processing unit.

——摘自 https://en.wikipedia.org/wiki/Computer_program

计算机程序是指计算机为完成特定任务而执行的指令集。这里强调计算机必须有程序才能工作，并在 CPU 中执行程序指令。程序是计算机的灵魂。

电影《泰囧》的火爆曾掀起过人们对泰国游的兴趣和欲望。围绕其拍摄地清迈也曾引发一批批的"追囧族"循着《泰囧》的拍摄足迹，去体验一场场惊险刺激的自由行。各地曾相继推出"看《泰囧》，游泰国，我的泰国游独享路线"活动，要求参与者(称为旅游计划师)根据规定的金额自主设计一条泰国北部六日自助双人旅游线路。主办方将资助最佳方案设计者实施自助游计划，并以旅游计划师设计的最佳线路作为组团出游线路。

旅游计划师提交的自助旅行方案就是 program。program 的词根 gram 是 write(写)的意思，前缀 pro 表示 before(之前，先于等)，合起来就是"写在前面"，意为"为……制订计划""设计安排活动"或"编排"，其结果可以是"节目或节目单""计划""安排"等。

在计算机领域，可以从两个角度理解 program。

(1) A program is a set of instructions that a computer follows in order to perform a particular task.

这是从名词的角度解释 program，意为计算机为执行特定任务而依循的一组指令，一般译为"程序"。

(2) When you program a computer, you give it a set of instructions to make it able to perform a particular task.

这是从动词的角度解释 program，意为给计算机一组指令使它能执行特定的任务，一般译为"编程"。

所以，编程和程序，一个是过程，一个是结果，但都与计算机指令密切相关。

程序类似于烹饪用的食谱。厨师按食谱炒菜，计算机照程序运算。食谱包含食材清单和烹饪步骤，程序包括数据列表和计算过程。数据列表涉及数据的结构(数据类型及其表示)，计算过程涉及数据的算法(计算方法及其步骤)。在计算机体系结构没有实质改变的情况下，程序的本质不会改变，最核心的组成部分就是数据结构和算法：

Program(程序)= Data structure(数据结构)+ Algorithm(算法)

其中，数据结构指数据的组织方案，对数据应用此组织方案有助于解释数据或执行对数据的操作。算法主要指运算法则、演算法、计算程序等，尤指计算机程序中的算法、运算法则等。算法是一系列的精确的步骤，特别是在计算机程序中，算法将给你某类特定问题的解答(An algorithm is a series of mathematical steps, especially in a computer program, which will give you the answer to a particular kind of problem or question)。

2.1.3 程序设计

Computer programming (often shortened to programming) is a process that leads from an original formulation of a computing problem to executable computer programs. Programming involves activities such as analysis, developing understanding, generating algorithms, verification of requirements of algorithms including their correctness and resources consumption, and implementation (commonly referred to as coding) of algorithms in a target programming language.

——摘自 https://en.wikipedia.org/wiki/Computer_programming

计算机程序设计(常简称为程序设计)就是一个过程,是从某个计算问题的原始构想到可执行计算机程序的过程,包括分析、理解、得出算法、对算法正确性和性能需求进行验证、用目标程序设计语言实现算法(通常称为编码)等活动。由此可知,程序设计(programming)比编程(作为动词的 program)的含义要广泛得多。

例如,作为泰北自助游的旅游计划师,要设计出一个切实可行的旅游方案,要考虑的事情很多,包括旅行线路、住宿条件、沟通语言、当地自然人文环境等。计算机世界的程序员,也是一名计划师,要综合考虑算法(旅行线路)、数据结构(住宿条件)、程序设计语言(沟通工具)、计算机软硬件平台(当地环境)等。所以,程序设计可描述成:

$$Programming = Program(程序)$$
$$+ Programming\ Language(程序设计语言)$$
$$+ Environment(程序运行环境)$$

用程序设计语言编写的程序称为源代码。源代码要用编译器(compiler)转换成在计算机程序运行环境中可直接执行的由指令组成的机器码。有些形式的源代码可以在解释器(interpreter)的帮助下在计算机中执行。

程序设计的目的是找到一个能自动执行一项特定任务或解决给定问题的指令序列。在程序设计过程中,会经常涉及各种专业技能或知识,如应用领域知识、特殊算法、形式逻辑等。程序设计过程如图 2-2 所示,包括分析问题和规范化、设计解决方案(即算法)、验证方案、实现解决方案(即编写程序)、测试方案、运行维护等阶段。

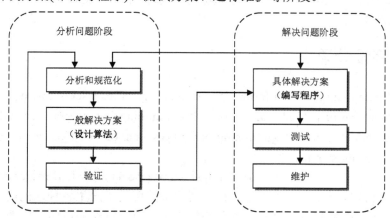

图 2-2 程序设计的过程

图 2-2 中各阶段的功能如下。

- 分析和规范化:理解并定义问题,解决方案必须要做什么。
- 一般解决方案(即设计算法):设计解决问题的步骤的逻辑顺序。
- 验证:全面检查这些步骤,看看该解决方案是否确实能解决问题。
- 具体解决方案(即编写程序):将算法用程序设计语言描述出来。

- 测试：让计算机执行这些指令。检查输出结果，如果发现错误，则对程序和算法进行分析，确定错误源，并纠正错误。
- 维护：修改程序以满足变更的需求，或纠正在使用过程中出现的任何错误。

由此可知，与程序设计相关的任务还包括源代码的测试、调试和维护，目标系统的实现，以及诸如计算机可运行程序等软件产品的管理等。这些通常与程序设计、编码一起作为软件开发这个更大过程的一部分。把软件开发实践与工程技术结合起来就是软件工程。它们的相互关系大致如图 2-3 所示。

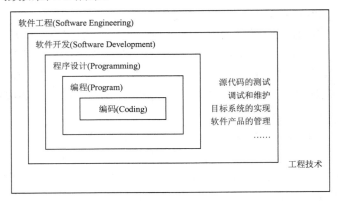

图 2-3 程序设计的地位

编程、程序设计、软件开发等概念经常互换使用。程序设计的基础部分就是描述数据、设计算法。在这些概念中，编码是最基本的活动。用程序设计语言来实现算法就是编码。算法是核心，语言是手段。在学习一门新的程序设计语言时，最基本的要求就是学会利用它的数据类型来表示数据，利用它的运算符构建运算式(称为表达式)，利用它的流程控制语句构造运算步骤。

2.1.4　程序设计语言

A programming language is a formal language that specifies a set of instructions that can be used to produce various kinds of output. Programming languages generally consist of instructions for a computer. Programming languages can be used to create programs that implement specific algorithms.

——摘自 https://en.wikipedia.org/wiki/Programming_language

程序设计语言是一种形式化语言，有一套明确的可用于产生各种输出的指令集。一般来说，它由某种计算机的指令组成，可用来创建实现特定算法的程序。本质上来说，程序设计语言也是一种人工语言，设计的指令用于沟通人机世界。

一般来说，学习一门程序设计语言，可依循基础、高级、特色等阶段拾级而上，如图 2-4 所示。

1. 基础阶段

基础部分与计算机密切相关，可以根据计算机的体系结构将程序设计语言的语句分为

以下 4 类。

(1) 与 RAM 相关的部分：变量机制，涉及变量声明和定义，包括数据类型和数量。

(2) 与 CPU 的运算器相关的部分：各种运算符。

(3) 与 CPU 的控制器相关的部分：各种程序流程控制语句。

(4) 与 I/O 相关的部分：各种输入/输出语句，包括 CUI(字符用户界面)和 GUI(图形用户界面)等交互方式。这部分功能一般由开发工具提供。

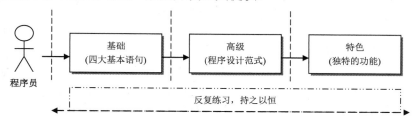

图 2-4　学习阶梯

各种程序设计语言的基础部分大同小异。精通一门程序设计语言，转向其他语言时，可对比两种语言的基本语句，举一反三，提高学习效率。

2. 高级阶段

这个阶段主要是指程序设计语言对程序设计范式的支持机制。

Programming paradigms are a way to classify programming languages based on their features. Languages can be classified into multiple paradigms.

——摘自 https://en.wikipedia.org/wiki/Programming_paradigm

程序设计范式(programming paradigm)是一种基于程序设计语言的特征对它们进行分类的方法。语言可以被划分成多种范式。也就是说，程序设计语言一般会支持一到多个程序设计范式。支持同种范式的语言都有其共性。例如，支持面向对象程序设计范式的 C++、Java、C#等语言，在抽象、封装、继承、多态等概念上，因思想一致，机制就类似。范式实质上是思维模式或方法学。掌握范式，便于在更高的层次上进行对比学习，即精通一种语言支持范式的机制，就能快速掌握支持同类范式的语言。

3. 特色阶段

计算机程序设计语言种类繁多，数量庞大，要成为一门流行语言，必有其特殊性，如充分提高程序设计效率或质量等。在学习新语言时，要注意利用这些特色来提高自己的工作效率或设计质量。

当然，在学习过程中要反复练习。正如学习拳击、游泳、烹饪等一样，学会不是难事，难在持之以恒。功力不是学出来的，是练出来的。随着练习次数的增多，对机理的理解就会越来越到位，功力日深，能力越强。

2.2　数 据 存 储

兵马未动，粮草先行。作为旅游计划师，在制定旅行线路时要考虑酒店预订和餐饮要求。制定线路是算法概念，酒店预订和餐饮要求属数据结构范畴。作为获得资助的计划师，你赴泰旅行，进入一家酒店准备入住。来到前台，与接待人员交互，他会问你一些什么？先生贵姓？请问您要住什么样的房间？……酒店房间就像 RAM，房间号类似 RAM 单元编号，房间类型(如标准间、豪华间、总统套房等)就是这节要重点介绍的数据类型(整数型、浮点型、布尔型等)。如果一个字节是一个人，那么 C#王国的 byte 型可住一个，short 型可住两个，int 型可住四个……数据是程序的基本组成元素，是被处理的对象。熟练掌握数据类型、常量和变量的使用方法，是进行程序设计的基础。

2.2.1 变量与常量

计算机使用内存单元存储计算时要使用的数据。现实生活中的数据各种各样，如整数、小数、文本等，它们的数据类型不一样。要在计算机中使用这些不同类型的数据，就需要在内存中为它们申请一块合适的空间。

变量与常量.mp4

通俗来说，酒店住宿属于变量概念，因为房客随时在变；家庭住户属于常量范畴，因为家人不会改变，如图 2-5 所示。

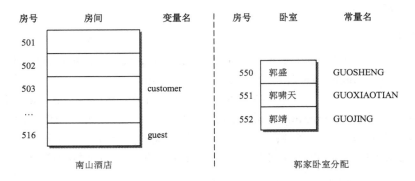

图 2-5 变量与常量

变量对应酒店的房间。房间用来住人，变量用来存储数据。在图 2-5 中，customer 对应 503 号房，guest 对应 516 号房，都是变量名；GUOSHENG 对应卧室 550、GUOXIAOTIAN 对应卧室 551、GUOJING 对应卧室 552，都是常量名。常量名相当于常量值的别名，在运行期间，常量值不能更改。

也就是说，变量是将一个对象(这是一般意义上的术语，即一个特定的值)绑定到一个标识符(即变量的名字)，以便以后能存取该对象(正如到酒店去访问住在房间里的房客或安排新的客人替换原访客等)。例如，郭盛某日出差，入住南山酒店 503 号房，在 C#代码中可以这样表示：

```
string customer = "郭盛";
```

在这条语句中，等号"="表示赋值的意思。等号左边是对变量的声明。其中，customer 是标识符，表示变量的名称(可以想象为酒店的房间号)；string 是变量中存储的值的数据类型，表示 customer 中存储的是字符串。等号右边是具体存放到 customer 中的值"郭盛"。

"郭盛"是常量，也有其数据类型。为了使得两边的数据类型兼容，这个常量值也得用字符串类型来表示。在常量值两边加双引号，表示它是字符串类型的值。如果去掉双引号，郭盛就变成了一个标识符，而不是字符串了。

定义变量后，就可以这样来访问它：

```
Console.WriteLine("你好，" + customer+"！");
```

执行这条语句，会在控制台输出："你好，郭盛！"。

常量值当然也可以用标识符来表示，一般用 const 关键字加以限定。例如：

```
const string GUOSHENG = "郭盛";
```

此后，GUOSHENG 标识符固定代表郭盛，其值不能再改变，但可以使用。例如：

```
string customer = GUOSHENG;
```

这条语句声明了一个字符串变量，并为其赋初始值 GUOSHENG，也就是郭盛。

由于只有程序机器代码才可以在实际的计算机上运行，程序源代码必须经过编译链接并转换为程序机器代码。经转换后，变量名、常量名等标识符都会被转换为内存单元编号，对变量赋的初始值也被存入编号所对应的内存单元中。例如，customer 被变换为 503，GUOSHENG 被转换为 550，503 中的值是郭盛。

总之，变量涉及名称、值、数据类型、存储空间等基本要素。好的开始等于成功了一半。理解变量，就有了基本的程序设计知识，就可以编写简单的程序了。

2.2.2 数据类型

一个完整的程序应该包括两个方面，即对数据的描述(数据结构)和对操作的描述(算法)。因此在程序设计过程中，必须综合考虑，以选择最佳的算法和数据结构。在 C#语言中，数据结构通常是以数据类型的形式出现的，具体数据类型如图 2-6 所示。C#的每个类型，要么是值类型(value type)，要么是引用类型(reference type)。可以使用 C#预定义的内置(built-in)类型，也可以自定义值类型和引用类型。

值类型和引用
类型.mp4

要理解值类型和引用类型，需要先了解计算机是如何管理内存的。基于.NET 框架的计算机内存布局大致如图 2-7 所示。计算机内存一般被分为系统服务区和应用程序区。系统服务区被分配给设备驱动程序、操作系统等系统软件使用，为应用软件提供服务；应用程序区被分配给应用软件使用。每个应用程序区又被分为代码区和数据区。其中，代码区用于存放机器代码，数据区用于存放原始数据、计算结果等。数据区进一步被细分为栈(stack)区和堆(heap)区。前者用于量少但使用频繁的数据，基于先进后出的方式管理内存资源的分配和回收；后者用于量大或不常使用的数据，分配使用后不需要关注内存资源的回收问题，有专门的内存回收机制(相当于一位教师申请一间教室授课，下课后直接走人，不用打扫教室)。

值类型和引用类型的根本区别是：值类型在栈(stack)区分配内存空间；引用类型在堆(heap)区分配内存空间。

值类型与引用类型可以互相转化：把值类型转换为引用类型，称为装箱(boxing)；把引用类型转换为值类型，称为拆箱(unboxing)或投射(casting)。

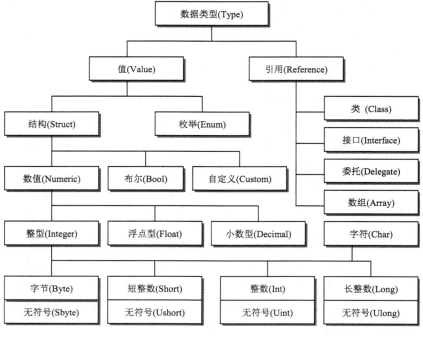

图 2-6 C#的数据类型

图 2-7 计算机内存布局

2.2.3 数据类型的跨语言特性

整型数据.mp4

C#与 Visual Basic .NET、F#等.NET 兼容语言都有各自独具特色的类型系统。虽然它们风格迥异，名称不同，但在.NET 平台上的类型系统是统一的。这些语言的数据类型只是.NET 框架中对应类型的别名。

C#语言数据类型的别名与其对应的.NET 框架类型名如表 2-1～表 2-3 所示。

表 2-1 整数(Integers)

别名 (Alias)	.NET 类型 (.NET Type)	大小 (Size (bits))	取值范围 (Range)
sbyte	System.SByte	8	−128～127
byte	System.Byte	8	0～255
short	System.Int16	16	−32,768～32,767

续表

别名 (Alias)	.NET 类型 (.NET Type)	大小 (Size (bits))	取值范围 (Range)
ushort	System.UInt16	16	0～65,535
char	System.Char	16	0～65,535
int	System.Int32	32	−2,147,483,648～2,147,483,647
uint	System.UInt32	32	0～4,294,967,295
long	System.Int64	64	−9,223,372,036,854,775,808～9,223,372,036,854,775,807
ulong	System.UInt64	64	0～18,446,744,073,709,551,615

表 2-2　浮点(Floating-point)

别名 (Alias)	.NET 类型 (.NET Type)	大小 (Size (bits))	精度 (Precision)	取值范围 (Range)
float	System.Single	32	7 digits	$1.5×10^{-45}～3.4×10^{38}$
double	System.Double	64	15～16 digits	$5.0×10^{-324}～1.7×10^{308}$
decimal	System.Decimal	128	28～29 decimal	$1.0×10^{-28}～7.9×10^{28}$

表 2-3　其他预定义类型(Other predefined types)

别名 (Alias)	.NET 类型 (.NET Type)	大小 (Size (bits))	取值范围 (Range)
bool	System.Boolean	32	true or false，与 C#的任何整数型都不相干
object	System.Object	32/64	取决于平台(一个指针指向一个 object)
string	System.String	16×length	一个 Unicode 字符串，没有特殊上界

各语言的类型别名可能不同，但对应的是.NET 框架中的同一种数据类型。例如，C#的 int、Visual Basic .NET 的 Integer 表示的都是整数类型，别名不同，但对应的都是.NET框架的 System.Int32 类型。因此，下列语句是等价的：

```
int a = 72;              //在 C#语言中用类型别名
System.Int32 a = 72;     //在 C#语言中用.NET 框架类型名
Dim a As Integer = 72    '在 Visual Basic .NET 语言中用类型别名
Dim a As System.Int32 = 72   '在 Visual Basic .NET 语言中用.NET 框架类型名
```

显然，使用别名比使用全限定类型名称的.NET 框架类型名具有更好的可读性。各类型转换为.NET 框架中的类型后，不管使用什么平台和编译器，同种值类型的大小一致。

2.3　数据运算与运算过程

饭菜不吃会变馊，数据不用就作废。数据存储好后，可以随时取出来进行运算，变成对人们有用的信息。烹饪有煎、炒、炸，运算有算术、关系、逻辑；烹饪分步骤，运算有过程；烹饪步骤是做法，运算过程称算法；做法是食谱的基础，算法是程序的灵魂。算法设计得好，流程就会优美，运行效率也高。算法由顺序、分支、重复等控制结构组成。本节将介绍 C#提供的构成算法的运算符和流程控制语句。

2.3.1 数据运算类型

算术操作.mp4

1. 算术运算

表 2-4 列出的是 C#的算术运算符。这种运算符对数值(numeric)操作数进行运算。其中，a 和 b 是参数。

表 2-4　算术(Arithmetic)运算符

使用样例	读　法	解　释
a + b	a 加 b	+返回其参数之和
a − b	a 减 b	−返回其参数之差
a*b	a 乘 b	*返回其参数之乘积
a/b	a 除以 b	/返回其参数之商。如果两个参数都是整数，获得整数除法之商(即舍弃任何余数)
a%b	A 对 b 取模	%只对整数参数进行运算，返回参数的整数除法的余数
a++	a 加加或后增 a	++只对有左值的参数进行操作。当放在其参数后时，参数增1并且返回该参数递增之前的值
++a	加加a或前增 a	++只对有左值的参数进行操作。当放在其参数前时，参数增1并且返回该参数递增之后的值
a--	a 减减或后减 a	--只对有左值的参数进行操作。当放在其参数后时，参数增1并且返回该参数递减之前的值
−− a	减减a或前减 a	--只对有左值的参数进行操作。当放在其参数前时，参数增1并且返回该参数递减之后的值

2. 关系运算

表 2-5 列出的是 C#的关系运算符。二元关系运算符==, !=, <, >, <=和>=用于关系(relational)运算和类型比较。

表 2-5　关系(Relational)运算符

使用样例	读　法	解　释
a == b	a 等于 b	对于值类型参数,如果其操作数有相同的值,==返回 true,否则返回 false。对于字符串类型,如果串中的字符顺序匹配,返回 true。对其他引用类型(从 System.Object 派生的类型),只有 a 和 b 引用同一个对象才返回 true
a != b	a 不等于 b	!=返回==运算符的反值。因此,如果 a 不等于 b,它返回 true;如果两者相等,它返回 false
a < b	a 小于 b	< 对整型数进行操作。如果 a 小于 b,它返回 true,否则返回 false
a > b	a 大于 b	> 对整型数进行操作。如果 a 大于 b,它返回 true,否则返回 false
a <= b	a 小于等于 b	<= 对整型数进行操作。如果 a 小于或等于 b,它返回 true,否则返回 false
a >= b	a 大于等于 b	>= 对整型数进行操作。如果 a 大于或等于 b,它返回 true,否则返回 false

3. 逻辑运算

表 2-6 列出的是 C#的逻辑运算符。这种运算符对布尔(boolean)或整型(integral)操作数进行运算。

逻辑操作.mp4

表 2-6 逻辑(Logical)运算符

使用样例	读 法	解 释
a&b	a 按位与 b	&计算两个操作数并且返回计算结果的逻辑连接(与)。如果操作数是整型,逻辑连接按位进行
a&&b	a 与 b	&&只对布尔型进行运算。它计算第一个操作数。如果结果是 false,就返回 false。否则,它计算第二个操作数并返回计算结果。注意,假设计算第二个操作没有副作用,其结果与&进行的逻辑连接相同。这是短路求值的一个例子
a | b	a 按位或 b	| 计算两个操作数并且返回计算结果的逻辑分离(或)。如果操作数是整型,逻辑分离按位进行
a || b	a 或 b	|| 只对布尔型进行运算。它计算第一个操作数。如果结果是 true,就返回 true。否则,它计算第二个操作数并返回计算结果。注意,假设计算第二个操作没有副作用,其结果与 | 进行的逻辑分离相同。这是短路求值的一个例子
a ^ b	a 异或 b	^ 返回其结果的异或。如果操作数是整型,异或按位进行
!a	非 a	! 只对布尔型进行运算。它计算它的操作数并返回其反值(非)。即如果计算结果是 false 就返回 true,如果计算结果是 true 就返回 false
~a	按位非 a	! 只对整型进行运算。它计算它的操作数并返回其按位反值(非)。即~a 返回 a 的结果中每位取反后的值

4. 移位运算

表 2-7 列出的是 C#的移位运算符。

表 2-7 移位(Bitwise shifting)运算符

使用样例	读 法	解 释
a << b	a 左移 b	<< 计算它的操作数并返回第一个参数的左移结果。左移位数由第二个参数指定。它会舍弃超出第一个参数范围的高阶位并将低阶位置 0
a >> b	a 右移 b	>> 计算它的操作数并返回第一个参数的右移结果。右移位数由第二个参数指定。它会舍弃超出第一个参数范围的低阶位并将高阶位置为第一个参数的符号位或者 0(如果第一个参数是无符号数)

5. 赋值运算

表 2-8 列出的是 C#的赋值运算符。

表 2-8　赋值(Assignment)运算符

使用样例	读　法	解　释
a = b	a 等于或置为 b	= 计算它的第二个参数并把计算结果赋给它的第一个参数(左值)
a = b = c	b 置为 c， 再把 a 置为 b	与 a = (b = c)等同。当连续赋值时，最右边的赋值先计算，然后从右向左。本例中，a 和 b 两个变量的值都等于 c 的值

更专业地看，赋值运算符需要两个参数：第一个 (左) 能被赋值(左值，l-value)的表达式和第二个(右)能被计算(右值，r-value)的表达式。可赋值(assignable)表达式在其左，被绑定(bound)表达式在其右，这就是左值、右值术语的由来。

赋值运算符的第一个参数通常是变量。当该参数是值类型时，赋值运算改变该参数的值。当该参数是引用类型时，赋值运算符改变引用，使得该参数指向不同的对象。但它原先指向的对象依然还在(当该对象不再被引用时，可被当作垃圾回收)。

6. 复合赋值运算

表 2-9 列出的是 C#的复合赋值运算符。这种赋值运算符将普通赋值运算符"a = a 运算符 b"简化为"a 运算符= b"的形式，使得语法更为简洁。

表 2-9　复合赋值(Short-hand Assignment)运算符

使用样例	读　法	解　释
a += b	a 加等于或由……递增 b	等效于 a = a + b
a -= b	a 减等于或由……递减 b	等效于 a = a - b
a *= b	a 乘等于或由……倍增 b	等效于 a = a*b
a /= b	a 除等于或被……除 b	等效于 a = a/b
a %= b	a 取模等于 b	等效于 a = a%b
a &= b	a 与等于 b	等效于 a = a&b
a |= b	a 或等于 b	等效于 a = a|b
a ^= b	a 异或等于 b	等效于 a = a^b
a <<= b	a 左移等于 b	等效于 a = a << b
a >>= b	a 右移等于 b	等效于 a = a >> b

7. 指针操作运算

表 2-10 列出的是 C#的指针操作运算符。

表 2-10　指针操作(Pointer manipulation)运算符

表 达 式	解　释
*a	间接运算符。允许存取所指向的对象
a->member	类似"."运算符。允许存取所指向的类和结构的成员
a[]	用于索引一个指针

表 达 式	解　释
&a	引用指针的地址
stackalloc	在栈上分配内存
fixed	临时固定到一个变量,以便找到它的地址

8. 溢出异常控制运算

表 2-11 列出的是 C#的溢出异常控制运算符。

表 2-11　溢出异常控制(Overflow exception control)运算符

表 达 式	解　释
checked(a)	在值 a 上使用溢出检查
unchecked(a)	在值 a 上不做溢出检查

9. 类型信息运算

表 2-12 列出的是 C#的类型信息运算符。

表 2-12　类型信息(Type information)运算符

表 达 式	解　释
x is T	如果基类类型的变量 x 存储了一个派生于类类型 T 的对象,或 x 是类型 T 的,则返回 true。否则返回 false
x as T	如果基类类型的变量 x 存储了一个派生于类类型 T 的对象,或 x 是类型 T 的,则返回(T)x (x 投射到 T)。否则返回 null。等效于 "x is T ? (T)x : null"
sizeof(x)	返回值类型 x 的大小。注: sizeof 运算符只能用在值类型上,不能用在引用类型上
typeof(T)	返回一个描述类型的 System.Type 对象。T 必须是该类型的名称,不是变量。用 GetType 方法可获取运行期间变量的类型信息

10. 其他运算

表 2-13 列出了一些 C#的其他运算符。

表 2-13　其他运算符

表 达 式	解　释
a.b	存取类型或名域 a 的成员 b
a[b]	a 中索引 b 处的值
(a)b	将 b 值投射到类型 a
new a	创建类型 a 的一个对象
a + b	如果 a 和 b 是字符串,把两者连接在一起。如果有一个为 null,用空串代替它。如果一个是字符串,另一个是非字符串对象,连接前会先调用其 ToString 方法

表 达 式	解 释
a + b	如果 a 和 b 是委托，就进行委托连接
a ? b : c	如果 a 为 true，返回 b 的值，否则返回 c 的值
a ?? b	如果 a 是 null，返回 b，否则返回 a
@"a"	逐字的文本，即忽略转义字符

2.3.2 算法的基本结构

遇到问题，就要解决问题。为了与他人交流，需要把解决问题的想法描述出来。

自然语言当然是进行沟通和交流的首选描述工具，但一幅图胜过千言万语，有时用图形符号表达想法更为形象和直观。

算法，就是算路和想法。描述算法，用得比较多的是程序流程图(Flow Chart)。在程序流程图中，不同的图形符号有不同的含义。常见符号如图 2-8 所示。

开始/结束　　处理过程　　输入/输出　　条件判断　　连接

图 2-8　程序流程图的符号

所有算法过程都可以归结为顺序、选择和重复这三种基本结构，因此只允许用这三种结构来描述算法。这就是结构化程序设计思想对算法描述的限制。

例如，在亲朋好友的"一路顺风"的祝福声中，你展开了泰北之旅。但天有不测风云，你是否提前设计好了预案，以备不时之需？当"囧况"发生时，该如何应对？图 2-9 所示是你基于结构化思想用程序流程图描述的部分旅行活动。

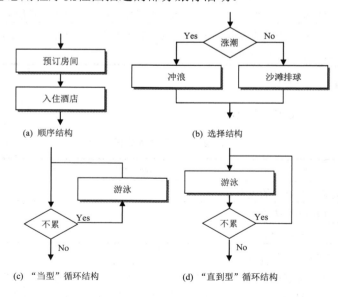

图 2-9　结构化流程示例

图 2-9(a)是顺序结构：描述的算法使得计算机按照指令(方框所表示的处理过程)的顺序依次执行。例如，"预订房间"和"入住酒店"两个框是顺序执行的，执行"预订房间"后紧接着执行"入住酒店"指令的操作。

图 2-9(b)是选择结构：也称为分支或条件结构。图中表示，若涨潮条件成立则实施"冲浪"框中的计划去玩冲浪，否则就实施"沙滩排球"框中的计划去打排球。

图 2-9(c)和图 2-9(d)是重复结构：也称为循环或迭代结构。图 2-9(c)为"当型"循环，如果"不累"则实施"游泳"框中的计划，游一次后再看看累不，如果不累则继续"游泳"，如此重复，直至累了就不游了，结束循环。图 2-9(d)为"直到型"循环，先"游泳"一次再判断累不累，如果不累就继续"游泳"，如此重复，直至累了为止。

2.3.3　条件语句

条件语句(Conditional statement)基于条件决定是否执行代码。if 语句和 switch 语句是 C#中的两类条件语句。

1. if 语句

C#中的 if 语句的语法格式如下：

```
if-statement ::= "if" "(" condition ")" if-body ["else" else-body]
condition ::= boolean-expression
if-body ::= statement-or-statement-block
else-body ::= statement-or-statement-block
```

分支流程控制.mp4

其中，::=表示定义，用双引号括起来的内容是必写项，用方括号括起来的内容是可选项。

if 语句计算其 condition(即 boolean-expression，布尔表达式)，以决定是否执行 if-body 语句或语句块(statement-or-statement-block)。例如：

```
string tide = "";
...
if(tide=="涨潮")
{
    Console.WriteLine("冲浪去。");
}
else
{
    Console.WriteLine("到沙滩打排球。");
}
...
```

请与图 2-9(b)做对比，以体会两者之间的对应关系。

作为可选项，else 可以紧跟 if-body，提供当条件表达式为 false 时要执行的 else-body 语句或语句块。else-body 也可以是另外的 if 语句，这样可以创建多级分支结构。例如：

```
int numberOfWeapon = 7;
if ( numberOfWeapon == 4 )
    Console.WriteLine("numberOfWeapon 不是 4，这句不会执行。");
else if( numberOfWeapon < 0 )
```

```
{
        Console.WriteLine("numberOfWeapon 不是负数，这句不会执行。");
}
else if( numberOfWeapon % 2 == 0 )
        Console.WriteLine("numberOfWeapon 不是偶数，这句不会执行。");
else
{
        Console.WriteLine("numberOfWeapon 不匹配条件，这句会执行！");
}
```

2. switch 语句

switch 是多分支语句，语法格式如下：

```
switch (expression)
{
    case value1:
            statement-or-statement-block;
            break;
    case value2:
            statement-or-statement-block;
            break;
    ...
    default:
            statement-or-statement-block;
            break;
}
```

其中，expression 表达式可以是整数、字符、枚举、字符串等数据类型，各 case 后面的值的数据类型要与 expression 一致。执行 switch 代码时，会将 expression 的值与各 case 后面的值依次进行比较，找到第一个相等的值就执行其 statement-or-statement-block 语句，直到遇到 break 退出 switch。如果 case 后的值无对应的 statement-or-statement-block 语句，则继续向下匹配。

可以把这种流程想象为有多个阀门的管道。管道中可以传送多种流体。每种流体可以自动打开对应的阀门而流向不同的地方。

注意，每个 case 语句必须有跳转语句(break 或 return)。换句话说，C#不会从一个 case 语句进入下一个 case 语句。不过，C#中的 case 可以堆叠在一起，每个 case 语句都是空的，C#会穿过这些 case 语句，直到遇到一个不为空的 case 语句。例如：

```
int numberOfWeapon = 6;
switch (numberOfWeapon)
{
    case 0:
            Console.WriteLine("还没找到兵器! :-)");
            break;
    case 1:
            Console.WriteLine("屠龙刀");
            break;
    case 2:
            Console.WriteLine("倚天剑、屠龙刀");
            break;
    // 堆叠的 case，numberOfWeapon 为 3～7 的值都会显示"飞刀"
    case 3: // 此处为空，跌落通过(就像水流经多级瀑布一样)，下同
```

```
case 4:
case 5:
case 6:
case 7:
        Console.WriteLine("飞刀");
        break;
default:
        Console.WriteLine("暗器");
        break;
}
```

执行这段代码，会在控制台显示"飞刀"(值 3～7 会显示同一结果)。

另外，switch 变量可以是字符串类型。例如：

```
string hero = "李寻欢";
switch (hero)
{
    case "陆小凤":
        Console.WriteLine("灵犀一指");
        break;
    case "李寻欢":
        Console.WriteLine("小李飞刀");
        break;
    case "西门吹雪":
        Console.WriteLine("西来一剑");
        break;
    default:
        Console.WriteLine("未知");
        break;
}
```

2.3.4 迭代语句

迭代语句(iteration statement)创建一个可以重复执行若干次的代码循环(loop)。C#中有 for、do、while 等循环语句。

循环流程控制.mp4

1. do ... while 循环

do...while 循环的语法格式如下：

```
do...while-loop ::= "do" body "while" "(" condition ")"
condition ::= boolean-expression
body ::= statement-or-statement-block
```

这种循环对应图 2-9(d)的"直到型"循环，至少运行循环体(body)一次。

第一次运行后，计算其条件(condition)以决定是否再次运行循环体。如果条件为 true，就执行循环体(body)。

每次执行完循环体都会计算条件，只要为 true，就再次执行循环体。当计算的条件为 false 时退出循环。

例如，你在海滩休假，根据身体状况决定是否游泳，模拟代码如下：

```
Console.Write("身体状况如何？ ");
string  身体状况  = Console.ReadLine();
do
{
Console.WriteLine("游泳…");
    Console.Write("身体状况如何？ ");
```

```
身体状况 = Console.ReadLine();
} while (身体状况 == "Good");
```

这段代码中用到了 Console 对象的 ReadLine 方法从键盘读取数据。该方法接收的任何数据都按字符串类型处理。

执行这段代码,先提问身体状况如何?**不管输入什么值,都会进入循环体**,显示"游泳"字样,并继续问身体状况。如果一直输入 Good,则会一直显示游泳字样。直到输入非 Good 数据或直接按 Enter 键退出循环。

2. while 循环

while 循环的语法格式如下:

```
while-loop ::= "while" "(" condition ")" body
condition ::= boolean-expression
body ::= statement-or-statement-block
```

这种循环对应图 2-9(c)的"当型"循环,先计算其条件(condition)以决定是否运行循环体(body)。如果条件为 true,执行循环体。每次运行完循环体后都会再次计算条件,只要条件为 true,就会再次执行循环体。当条件计算为 false 时退出循环体。例如:

```
Console.Write("身体状况如何? ");
string 身体状况 = Console.ReadLine();
while (身体状况 == "Good")
{
Console.WriteLine("游泳…");
    Console.Write("身体状况如何? ");
    身体状况 = Console.ReadLine();
}
```

执行这段代码,先判断身体状况,如果输入 Good 就会进入循环体,显示"游泳",继续询问身体状况。这样是不是人性化一些?如果一开始就感冒了,还是不要游泳为好。

3. for 循环

for 循环的语法格式如下:

```
for-loop ::= "for" "(" initialization ";" condition ";" iteration ")" body
initialization ::= variable-declaration | list-of-statements
condition ::= boolean-expression
iteration ::= list-of-statements
body ::= statement-or-statement-block
```

for 循环主要用于已知循环次数的情况。先执行初始变量(initialization)声明或语句,通常是声明并初始化一个索引(index)变量。每次执行循环体(body)之前,先计算条件表达式以决定是否执行循环体,通常的做法是按照一些限制测试索引变量。如果条件计算为 true,就执行循环体。每次执行完循环体后都会执行迭代(iteration)语句,通常是递增或递减索引变量。例如,想游一个小时就上岸,可以这么写:

```
for (int i = 0; i < 60; i++)
{
Console.Write("游泳…");
```

```
        Console.WriteLine("还可以游" + (60 - i).ToString() + "分钟！");
    }
```

当然，由于计算机运行速度实在太快，你一瞬间就得上岸了。

如果真想定时游一个小时，可借助.NET 框架的 TimeSpan 和 DateTime 类来实现：

```
TimeSpan duration = new TimeSpan(1, 0, 0);   //创建持续时间：1 表示小时
DateTime start = DateTime.Now;               //取开始游泳的时间
```

在循环条件中，取当前时间减去开始游泳的时间，如果小于持续时间就执行循环体：

```
while (DateTime.Now - start   <   duration)
{
    Console.WriteLine("游泳…");
}
Console.WriteLine("上岸了！");
```

不过，不要轻易运行这段代码。一旦运行，就会连续一个小时在你的屏幕上输出"游泳"字样。

2.3.5　跳转语句

跳转语句(jump statement)可用 break、continue 等关键字实现程序流程控制。

1. break

break 语句用于从 switch 语句的 case 中退出，也可用于从 for、while、do … while 等循环语句中退出，将控制立即切换到该循环后面的语句。例如：

```
int i;
for (i = 0; i < 32; i++)   //计划重复 32 次
{
    if (i >= 16)
        break;       //从这里退出循环
                     // 如果这里还有语句，它们不会被执行
}
Console.WriteLine("实际比较次数: {0}", i );
```

执行这段代码，输出值是 16，表示并没有按计划重复 32 次。

2. continue

continue 关键字将程序的控制转到循环的结尾处。检查循环的条件，如果满足条件，继续执行下一轮循环。例如：

```
int counter = 0;
for (int i = 0; i < 32; i++)
{
    if (i >= 16)
        continue; //控制转到循环的结尾处
    counter++;
}
Console.WriteLine("counter 的值: {0}", counter);
```

执行这段代码，输出值是 16，表示 i 的值为 16 后就再没有执行过 counter++语句。

2.4 数据与代码的组织

如果你是一个旅行团的导游，在制作行程时，显然一个非常重要的工作就是游客的组织问题。例如，在住宿方面，可能存在两种情况：大部分旅行团成员住同种类型的房间、有的家庭则要求住一个套间。因此，你需要提前向酒店预订一批同类型的房间和部分套间。这种特殊的房型组合是为了满足这次旅行团的需要而临时形成的，相当于你自定义了几种类型的房间。当然，你现在不是导游而是程序员，但这有什么关系呢！程序员也是"导游"，也要制作"行程表"，即程序。程序中的"游客"就是数据，"日程安排"就是算法。为数据申请一批同类型的内存空间相当于预订一批同类型的客房，这是数组的概念；为数据申请一批不同类型的内存空间相当于预订一批特型房，这是结构的概念。你看，一切都是那么美好和简单。数组和结构等都是你自定义的数据类型。在 C#预定义的数据类型不能满足需求的情况下，可以根据实际需要对预定义类型进行聚合和扩展，创建自定义类型。一般来说，自定义的值类型用 struct 或 enum 关键字声明，自定义引用类型用 class 等关键字声明。当然，数组也是自定义的引用型数据类型。还有另一个非常重要的工作要做，那就是对于已经成型的旅行线路，不必每次都重新设计，可以重用。在 C#中，类似的概念就是对代码进行组织，把一些相对固定的代码组织在一起，给整段代码取个名字并固定其使用方式，以后就可以随时重用这段代码了。这种组织在一起可以重用的代码是一个处理过程，在 C#中称为方法。例如，.NET 框架自带的 Console 对象的 WriteLine 方法本质上就是一段程序代码，是把信息输出到屏幕的一个处理过程。

数组与排序.mp4

用户自定义
数据类型.mp4

2.4.1 同类型数据的组织

最简单的同种类型数据的聚合就是数组。数组是一种自定义的数据类型，它把一定数量的同种类型聚合在一起。

例如，mary 带一个旅行团，需要一批标准间，她可以这样预订：

string[] mary; //声明数组(mary 向酒店预订一批标准间，房间数量未定)

虽然数组的声明需要维数，但不用说明其大小。在使用数组变量之前，要指定聚合的数量。例如，到了酒店前台，可以这样开房：

mary = new string[108]; //创建数组(实际只开了 108 个标准间)

然后可以这样分房入住：

mary[0] = "宋江"; mary[1] = "卢俊义"; ……

第二天早上要乘大巴车出去游玩，可以这样点名：

```
for(int i=0; i<108; i++)
Console.WriteLine(mary[i]);
```

当然，数组的声明和创建可以合并成一条语句：

```
string[] mary = new string[108];
```

再如，要暂存一年 12 个月的薪资额，以便计算税收情况，可以申请 12 个 float 类型的内存空间：

```
float[] salary = new float[12];
```

2.4.2 不同数据类型的聚合

不同的数据类型可以用 struct 关键字加以聚合，表示这是一个"结构"类型。

例如，为便于管理，要收集旅行团成员的信息，包括团队成员编号，以及游客的身份证号码、姓名、性别、生日、忌讳、偏好等信息。

在 C#代码中，可以把这些数据聚合成一个自定义的结构类型：首先将游客"结构"类型命名为 Tourist，这是自己定义的类型。然后在一对花括号中罗列所需要的信息的变量声明。这就相当于对一批数据类型进行打包，形成一个新的数据类型。代码如下：

```
//定义结构类型
struct Tourist    //把游客的信息聚合在一起
{
    public int num;          //编号，整数
    public char[] id;        //身份证，字符数组
    public string name;      //姓名，字符串
    public bool gender;      //性别，布尔
    public string birthday;  //生日，字符串
    public string taboo;     //禁忌，字符串
    public string preference; //偏好，字符串
}
```

```
//使用结构类型
//用 Tourist 声明一个变量，类似于 int i
Tourist tourist;
//对结构型变量的各成员赋值
tourist.num = 13;
tourist.id = "620800105803030918".ToCharArray();
tourist.name = "鲁达";
tourist.gender = true;
tourist.birthday = "宋仁宗嘉祐三年三月三日";
tourist.taboo = "荤腥";
tourist.preference = "酒肉";
//使用结构型变量
Console.WriteLine(tourist.id);    //输出身份号码
```

2.4.3 程序代码的组织

下面用经典的素数问题来看看代码重用的重要性。

素数(Prime Number)是指在大于 1 的自然数中，除了 1 和它本身以外不再有其他因数的数。素数有无限多个。如果有人问：10 以下的素数有哪些，你能很快回答出来。如果问一 1 000 000 以下有多少个素数，你能否回答得出？

学习程序设计的好处之一就是可以很方便地回答这类问题。代码如下：

```
bool isPrimeNumber;   //是否是素数的标志变量，true 表示是素数，false 表示非素数
int number = 3;        //number 表示要判断的数是否是素数，从 3 开始
long count = 0;        //用 count 来统计素数个数
do  //进入第一重循环，判断一百万个数，就需要循环一百万次
{
isPrimeNumber = true;   //先假定它是素数
```

```
        int divisor = 2;              // divisor 表示除数，即用它去除要判断的数
        do    //进入第二重循环，判断当前数是不是素数
        {
            if (number % divisor == 0) //素数除以除数，取其模数，即余数
            {
                isPrimeNumber = false;   //如果余数为 0，表示这个数是非素数
                break;                      //后面不用再除了，直接退出第二重循环
        }
    divisor++;    //如果当前除不尽，divisor 增一，依次取下一个除数
        } while (divisor < number);    //如果除数小于被判断的数，继续判断
        if (isPrimeNumber) //如果 isPrimeNumber 依然为 true，表示这是一个素数
            count++;        //累计素数个数
        number++;   //取下一个要判断的数
    } while (number <= 1000000);    //是否已经判断完一百万个数
    Console.WriteLine(count);  //显示素数个数
```

运行这段代码，一会儿就可以告诉问你的人：78498 个。

对于初学程序设计的人来说，这是一段经典的代码，涉及设置标志、多重循环、判断、中途跳转等重要的初级技巧，要好好掌握。

当然，我们的目的不止于此。你能继续回答以下问题吗？

● 哥德巴赫猜想：是否每个大于 2 的偶数都可写成两个素数之和？

● 孪生素数猜想：即差为 2 的素数对，例如 11 和 13，是否存在无穷多对？

● 斐波那契数列内是否存在无穷多的素数？

● 是否有无穷多个梅森素数？

● 在 n^2 与 $(n+1)^2$ 之间是否每隔 n 就有一个素数？

● 是否存在无穷个形式如 X^2+1 的素数？

……

这些问题都涉及对素数的判断。如果每个问题要重写一次判断素数的代码，显然不合算。能否把上面判断素数的代码独立出来，打成一个"包"，在所有需要判断素数的地方重用呢？

可以。这就是 C#的"方法"机制。利用这种机制，可以把判断素数的代码组织成一个相对独立的过程，给这个过程取个名字，并限定它的使用形式。例如：

```
static bool IsPrimeNumber(int num)
{
    int divisor = 2;
    do
    {
        if (num % divisor == 0)
        {
            return false;
        }
        divisor++;
    } while (divisor < num);
    return true;
}
```

这段代码是专门用于判断素数的方法，包括方法声明和方法体两个部分。其中："static bool IsPrimeNumber(int num)"是方法声明，由修饰标识 static、返回值的数据类型 bool、方

法名 IsPrimeNumber 和参数 num 构成。这里的参数是 int 型，用于接收使用该方法的地方传过来的要判断的数值。

方法体就是判断素数的过程。一旦判断出传过来的数可以被整除，就立即返回 false 值，告知使用方，这不是素数。如果传过来的数在循环完毕后都没有被整除，则返回 true 值，告知使用方，这是一个素数。代码中，return 关键字是跳转语句，标识方法的返回值并将控制转到方法的结尾处。例如：

```
static int GetTheNumberOfPeople( )   //方法
{
    int i = 36;
    return i;   //代码在这里终止
    i = 72;   //这条语句不会被执行
}
```

调用

```
static void Main(string[] args)
{
    int numberOfPeople = GetTheNumberOfPeople ( );
}
```

执行这段代码，Main 方法中的语句先调用 GetTheNumberOfPeople 方法，控制转到 GetTheNumberOfPeople 方法去执行，给 i 赋值 36 后立即用 return 返回 i 的值，控制转回 Main 方法，把返回的值 36 赋给 numberOfPeople 变量。

注意，如果方法声明中的返回类型不是空(即关键字 void)，则 return 必须返回一个同类型的值，如与 bool 对应的 true 或 false。

把判断素数的程序段打"包"好后，就可以重用它了。例如：

```
int number = 2;
long count = 0;
do
{
    // number 是素数吗？
    if (IsPrimeNumber(number))
        count++;
    number++;
} while (number <= 100);
Console.WriteLine(count);
```

调用

```
static bool IsPrimeNumber(int num)
{
    int divisor = 2;
    do
    {
        if (num % divisor == 0)
        {
            return false;
        }
        divisor++;
    } while (divisor < num);
    return true;
}
```

在左边这段代码的"眼"里，只"看见"了方法名 IsPrimeNumber 及其参数类型，不必关心这个方法具体是怎么实现的，代码就显得非常精练且易于阅读。

请好好体会这种"打包"思想：对数据类型"打包"可以创建新的数据类型，对代码"打包"可以创建新的功能模块。第 3 章会继续这一思想，将数据与代码"打包"创建"类"

这一新的数据类型，使得"包"的粒度更大。一旦设计好这种更大粒度的类型，就可以支持更大规模的重用，能进一步提升程序设计的效率。你已经准备好进入第 3 章了吗？

习 题 2

1. 设计一个计算器，能实现基本的加减乘除运算。

2. 研究素数的应用问题，设计一个调用判断素数的方法解决某种猜想。

3. 有一个圆形水池。现在要绕水池加修一环形过道，过道宽 2 米，在其上铺设混凝土，混凝土的单价是 10 元/平方米；绕过道加修一圈栅栏，栅栏的单价是 30 元/米。请用程序计算修过道和栅栏的成本。

注：关于从控制台输入数据的说明

在控制台输入操作数、运算符、半径等值，可以用 Console 的 ReadLine 方法，例如：

```
Console.Write("Please input an operand:");
    int x = Convert.ToInt32(Console.ReadLine());
```

第一条语句是在控制台输出信息，提示用户输入一个操作数。

第二条语句是接收用户键盘输入的操作数，转换为整数类型后赋值给变量 x。这一条语句实际分为三个步骤执行：

(1) 执行 Console.ReadLine()，用 .NET 框架预定义的 Console 类对象的 ReadLine 方法从键盘读入一串数字。这串数字是字符串类型的常量，如"36"。

(2) 执行 Convert.ToInt32(...)，用 .NET 框架预定义的 Convert 类对象的 ToInt32 方法将用键盘读入的字符串形式的数字串转换为整数类型的数据，如 36。

(3) 执行 int x =...，把转换后的整数类型的数据赋给 x 变量，存储起来。此时相当于 x=36。

第3章 面向对象基础

3.1 对象与类

夫鸟同翼者而聚居，兽同足者而俱行。今求柴胡、桔梗于举泽，则累世不得一焉。及之皋黍、梁父之阴，则郄车而载耳。夫物各有畴，今髡贤者之畴也。王求士于髡，譬若挹水于河，而取火于燧也。

——摘自《战国策·齐策三》

这是战国时期齐国政治家和思想家淳于髡回答齐宣王的一段话，意思是：鸟有相似的翅膀而群飞，兽有一样的足爪而同行。水草丛生的地方难以找到中药，而山阴之地却可车载斗量。事物各有其类，我属贤者类。您求贤于我，正如从河里舀水，用燧石取火。

从这一节开始就正式迈进面向对象的大门了。面向对象技术的最大特征就是"物各有畴"。有了这个思想，在解决问题时自当得心应手，挹水向河，取火于燧也。

3.1.1 分类思想

知道"The birds of a feather gather together"是什么意思吗？

正是上段对话中的"物各有畴"，也就是《周易·系辞上》说的"**方以类聚，物以群分**"。可见，这种分类思想在远古时代就已经存在了。当然，分类思想离不开具体的对象。

对象是一个非常简单的概念。婴幼儿时期，人们最感兴趣的就是一个个具体的对象：几本图书一支笔，几张桌子一张床，慈祥的妈妈，亲近的爸爸……上学后开始认字，便有了分类的思想。逐渐知道，爸爸、妈妈、自己、老师、同学都是"人类"，图书、笔、桌子、床、车子都是"物类"。随着你的知识越来越丰富，一方面已经具有进一步细分事物的能力，如"男人类""女人类"；一方面逐步具有更为开阔的视野。例如：

楚王出游，亡弓，左右请求之。王曰："止，楚王失弓，楚人得之，又何求之！"孔子闻之，惜乎其不大也，不曰人遗弓，人得之而已，何必楚也。

——摘自《孔子家语·好生》

楚王外出打猎，丢失了弓箭。随从要去寻找，楚王说："楚王失弓，楚人得之"，反正都是我们楚人得到，就不要再去找了。孔子去其"楚"字，变成"王失弓，人得之"，视野更为开阔，志在人类。再来看看老子怎么看待楚人丢失弓箭这件事情。

荆人有遗弓者，而不肯索，曰："荆人遗之，荆人得之，又何索焉？"孔子闻之曰："去其'荆'而可矣。"老聃闻之曰："去其'人'而可矣。"故老聃则至公矣。

——摘自《吕氏春秋·孟春纪·贵公》

老聃即老子，去其"人"，变成"遗之，得之"，境界何其远大，志在万物！

从楚人到人，从人到万物，粒度越来越大，视野越来越开阔。

作为天之骄子，你胸怀万物，志存高远。现在，你仰望星辰，俯视蝼蚁，极目太空，微观原子，万物在胸，该是用这种分类思想解决现实问题的时候了。

分类思想，就是"眼观八路、耳听八方"，把看到的、听到的、嗅到的、触摸到的形形色色的"事物"进行抽象，提取对解决问题有用的信息，分"类"建模。这是从具体到抽象。正如女娲造人，先建立"人类"模型，再按模型捏造出一个个具体的人。这是从抽象到具体，用"类"创建一个个具体的"对象"，这些对象协同工作完成既定的任务。

把这一思想用到程序设计领域，就演化出了面向对象程序设计方法。

面向对象程序设计的基础是"类"和"对象"。

3.1.2 类和对象释义

类的世界.mp4

Classes – the definitions for the data format and available procedures for a given type or class of object; may also contain data and procedures (known as class methods) themselves, i.e. classes contains the data members and member functions. Objects – instances of classes.

——摘自 https://en.wikipedia.org/wiki/Object-oriented_programming

类(Class)是关于给定对象类型或分类的数据格式和可用过程的定义，也可以包含数据和过程本身(称为类方法)，即包含数据成员和成员行为。对象(Object)是类的实例。这里没有把 function 译为函数，以人类来说，身高是数据成员，量身高呢？译为函数显然不合适。function 有功能、作用、职责、工作、运转、运行、发挥功能、起作用、行使职责等含义。为便于理解，这里译为这些含义所表现出来的"行为"。

这是形式化定义，有些拗口，但从人类自身行为特征来看，还是比较好理解的。

听说过"王婆卖瓜，自卖自夸"的故事吧。现在请你为王婆开发一个"西瓜销售系统"，以便随时了解卖瓜的收入。你准备怎么实现？

用面向对象观点，在王婆眼里，一个个西瓜就是一个个具体的"对象"。她着重关注的是这些西瓜的重量、已经销售了多少西瓜、已销售西瓜的总重量，以便了解卖瓜的收入。根据卖瓜(每卖一个瓜要记录该瓜的重量，累计卖出瓜的总重量和总个数)和退瓜过程，可以抽象出"西瓜类"。

首先，给西瓜类取个名字：Watermelon。

其次，抽象出王婆所关注的西瓜特征。

- 单西瓜重量，用 weight 表示，实数类型。
- 总卖出重量，用 totalweight 表示，实数类型。
- 总卖出数量，用 totalnumber 表示，整数类型。

最后，抽象出王婆所关注的西瓜行为。

- 卖出，用 Watermelon()模拟卖瓜操作。
- 退还，用 ~Watermelon()模拟退瓜操作。
- 吆喝，用 PrintTotal ()模拟夸耀操作(显示卖出瓜总重量和总个数)。

用这个"西瓜类"来大致看看前面关于类和对象的形式化描述。

第一，Watermelon 是一个定义(definition)。

第二，weight 对应数据格式(data format)，一般用实数表示。

第三，Watermelon、~Watermelon 等行为是可用过程(available procedure)。

第四，totalweight、totalnumber 对应类自己的数据(data themselves)，不属于单个西瓜，是所有卖出西瓜的累计数，这个称为数据成员(data member)。

第五，PrintTotal 对应类自己的过程(procedure themselves)，也称为类方法(class method)或成员行为(member function)。这个方法也不属于单个西瓜，用于显示所有卖出西瓜的累计值。

第六，Watermelon 类只是一个定义，是一个模板。用它可以创建西瓜类的实例(instance of classe)，也就是现实世界的西瓜对象(Object)在内存中的映射。

当然，这些都只是从自然界到人脑(称为概念世界)的抽象。要用计算机解决问题，还得把这种思想从人脑"灌输"到电脑。这需要用一种支持这种思想的程序设计语言把"类"表达出来，在计算机世界实例化这个"类"以创建对应的现实世界中的那些对象，让这些对象模拟现实世界对象的行为做事，完成相应工作，如模拟卖瓜、退瓜等行为动作。

3.2　C#类与对象

程序的本质是数据和算法。传统的程序由数据结构和算法过程组成。面向对象的程序由类组成，类由数据结构和算法构成。所有的类都在 C#的名称空间中。类可看作是对数据结构和算法打包(封装)，在形式上相当于传统的程序。因此，类的封装粒度更大，适合用来组织更大型的程序。C#类的数据结构部分称为字段(也就是传统的变量)，算法部分称为方法(也就是传统的过程)，可以是属性、索引器、构造方法和析构方法等。

3.2.1　模拟"王婆卖瓜"

C#程序由类构成，类包含数据字段和代码过程两个部分。模拟"王婆卖瓜，自卖自夸"的源程序由两种类组成：一是西瓜类，二是销售人员类。西瓜类代码如下：

```
//定义西瓜类
class Watermelon
{
    float weight;
    static float totalweight;
    static int totalnumber;
    public Watermelon(float w)
    {
        weight = w;
        totalweight += w;
        totalnumber++;
        Console.WriteLine("卖掉一个，瓜重"+weight+"公斤");}
    ~Watermelon()
    {
        totalweight -= weight;
        totalnumber--;
        Console.WriteLine("退掉一个，瓜重"+weight+"公斤");
    }
    static public void PrintTotal()
    {
        Console.Write("共卖掉" + totalnumber + "个，");
        Console.WriteLine("累计" + totalweight+"公斤");
    }
}
```

对应的自然语言描述

给类取个名字 Watermelon
以下对西瓜的特性和行为进行表示：
　　单西瓜重量，用 weight 表示
　　总卖出瓜重，用 totalweight 表示
　　总卖出瓜数，用 totalnumber 表示
　　卖出行为，用 Watermelon 模拟

在 weight 字段保存被卖瓜的重量
累计被卖瓜的重量
累计被卖瓜的数量

退还行为，用 ~Watermelon 模拟

从被卖瓜总重量中减去被退瓜的重量
被卖瓜总数量减一

吆喝行为，用 PrintTotal 模拟

Watermelon 类定义了西瓜的行为特征。至于销售人员，现在只需关注其卖出、退还和吆喝行为。

```
                                                          ┌ - - - - - - - - - - - - ┐
                                                          ┊  Watermelon 类          ┊
                                                          └ - - - - - - - - - - - - ┘
public class Saler
{                                            用类创建实例
    static void Main(string[] args)                      //开始卖瓜过程
    {
        Watermelon w1 = new Watermelon(5);               //卖掉一个 5 公斤重的瓜
        Watermelon.PrintTotal();                         //看看累计值
        Watermelon w2 = new Watermelon(3.6F);            //卖掉一个 3.6 公斤重的瓜
        Watermelon.PrintTotal();                         //看看累计值
        Watermelon w3 = new Watermelon(7.2F);            //卖掉一个 7.2 公斤重的瓜
        Watermelon.PrintTotal();                         //看看累计值
        w2 = null;                                       //退还卖掉的第二个瓜
        GC.Collect();                                    //找人来收走
        Console.ReadLine();                              //相当于暂停,等待收走烂瓜
        Watermelon.PrintTotal();                         //看看累计值
    }
}
```

程序运行后，系统首先自动创建 Saler 类的对象(想象为王婆)并调用其 Main 方法启动卖瓜过程，运行结果如图 3-1 所示。

可见，王婆正在用西瓜类创建一个个具体的西瓜，一边卖，一边吆喝，并喜滋滋地说着卖了多少个、总共多少公斤。

现实世界的王婆卖了一个 5 公斤的西瓜，程序世界就用下面这个语句来模拟：

Watermelon w1 = new Watermelon(5);

图 3-1　"王婆卖瓜"的运行过程

这是用 Watermelon 类(相当于模板)创建 w1 实例(w1 代表第一个瓜)。初始化为 5 对应现实世界中的一个被卖掉的 5 公斤重的西瓜对象。执行这条语句，系统会自动调用 Watermelon 类的 Watermelon(float w)方法来实施卖瓜操作：

执行 weight = w 语句把被卖瓜的重量赋给 w1 对象的 weight 字段存起来；执行 totalweight += w 语句累计总重量；执行 totalnumber++语句累计总数量。

此时 w1 对象的 weight 的值为 5，Watermelon 类的 totalweight 的值为 5，totalnumber 的值为 1。相关内存格局示意如图 3-2(a)所示。

继续执行 Console.WriteLine("卖掉一个，瓜重" + weight + "公斤。")语句，就会在控制台显示"卖掉一个，瓜重 5 公斤。"

接着，系统执行 Main 方法的第二条语句：Watermelon.PrintTotal()，实际是调用西瓜类的 PrintTotal 方法：

执行 Console.Write("共卖掉" + totalnumber + "个，")；执行 Console.WriteLine("累计" +

totalweight + "公斤");

在控制台显示"共卖掉 1 个，累计 5 公斤"字样的售瓜信息。

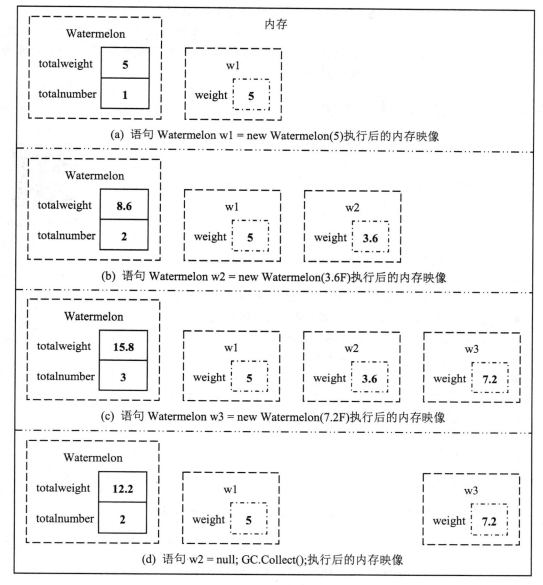

(a) 语句 Watermelon w1 = new Watermelon(5)执行后的内存映像

(b) 语句 Watermelon w2 = new Watermelon(3.6F)执行后的内存映像

(c) 语句 Watermelon w3 = new Watermelon(7.2F)执行后的内存映像

(d) 语句 w2 = null; GC.Collect();执行后的内存映像

图 3-2　"王婆卖瓜"时的内存演变过程

王婆接着卖了两个瓜，并退了一个瓜，内存演变如图 3-2(b)～(d)所示。

值得注意的是，Watermelon w1 = new Watermelon(5)这样的语句。可以读成这样："用 Watermelon 类创建 w1 对象，并初始化为 5"，这意味着创建对象的过程(称为类的实例化过程)有两个步骤。

(1) 分配内存空间：按 Watermelon 格局分配内存空间，并标识为 w1。w1 相当于一个指针，指向这段内存空间的首地址。这段内存空间只是类的一个副本，称为实例。

(2) 初始化所分配的内存空间：调用 Watermelon 类的同名方法，将方法带的值(称为参数)存入副本的对应字段所在空间。给实例各字段赋值后，这个实例空间可以按现实世界的规则加以识别，这才可以称之为对象(对象是现实世界的概念)。

语言 w2 = null 表示"撤销" w2 对象。w2 所占空间需要回收以便为其他程序使用。GC 是.NET 框架自带的类，调用其 Collect 方法可以回收那些不用的内存资源。回收 w2 对象所占空间会自动调用西瓜类的~Watermelon 方法。

3.2.2　类的定义及其封装性

C#用 class 关键字对类进行定义，格式如下：

```
[特性]
[访问修饰符] [partial] class  类名[形参] [:基类或接口][形参]]
{
    //类体，包括数据成员和代码成员
}[;]
```

类的设计.mp4

其中各项含义如下。
- 特性：可选项，是类的声明信息。
- 访问修饰符：可选项，用于对类的可访问性进行限定。
- partial：可选项，表示这个类是某个类中的一部分。
- class：必写项，紧随其后的是类的名字。
- 类名：必写项，是一个标识符，类似于数据类型的名字。
- 形参：可选项，用于声明泛型。
- :基类或接口：可选项，表示被继承的类或被实现的接口。
- { }：必写项，这是类体，是类的具体实现，但可以为空。
- ;：可选项，表示类的结束。

例如，定义一个职工类如下：

```
public class Employee
{
    public string name;        // string 是"数据类型"，指定 name 变量的类型。
    int age;
    public void Say()          // void 是方法的"返回类型"，void 表示不返回数据
    {
        Console.WriteLine("我是" + name + "今年" + age + "岁");
    }
}
```

这段代码定义了一个名为 Employee 的类。其中，name 和 age 是其数据成员，Say()是其方法成员。name 和 Say 对外公开，age 不对外公开。

类的成员如表 3-1 所示。

表 3-1　类的成员

成　员	说　明
常量	表示固定值。程序运行期间不会改变。常量可以是任意基本数据类型
字段	表示变量值
事件	类似生活中的事件概念，一旦有事情发生，可通知关注事件的对象
方法	包含一系列语句的代码块。每条语句都在方法范围内完成
属性	对私有字段进行包装，以对外提供一种灵活和安全的机制来访问和修改
索引器	能够让对象以类似数组的方式来访问，更为直观和易于编写
运算符	类的特定数学或逻辑操作符号
构造函数	一种特殊的方法，在创建对象时由系统自动调用，以对类进行初始化处理
析构函数	一种特殊的方法，在撤销对象时由系统自动调用，以做资源回收处理

上面代码中非常重要的还有 public、private 标识符。这是访问标识符，用它指定对类及其成员的访问规则。C#的访问标识符如表 3-2 所示。

表 3-2　访问标识符

修饰符	说　明
public	对外公开，允许从外部进行访问。可理解为所有人都可以看到自己写的日记
private	对外不公开，只允许内部访问，即类里的方法可以访问。自己写的日记当然自己可看
protected	半公开，即受一定程度的保护，当前类及其派生类可访问。自己的后代可看自己的日记
internal	半公开，在当前项目中可访问。自己的朋友圈可看自己的日记

用访问标识符区分类及其成员的访问级别，体现了面向对象的封装性。如果不指定，就使用默认的访问标识符。其中，类级别默认的是 internal，类成员级别默认的是 private，例如 name 和 age 字段。

封装是面向对象方法学的重要特征之一。C#的封装就是将数据结构和算法集成在一个类里。就像一台电视机，用户看到的只是表面的样子和各种接口，没必要非得拆开机箱看看里面的样子。电视机留有接口，使得用户可以打开、操作、关闭电视机，或把电视机与录像机等设备连接起来形成一个家庭影院系统。

类对字段和方法的实现进行封装，其他类便"看"不到它的内部结构，只能通过它对外提供的接口来访问。这样的类，有一定的独立性，能更好地支持代码重用，可针对不同的使用者设定封装级别，在一定程度上保护类的内部结构不被使用者破坏。只要接口不变，类的内部修改不会影响到使用方的代码变更。

3.2.3　对象的创建和使用

类就像工业生产用的模板，是产品的模子，需要依据它来铸造产品。例如，利用一个机器人模型可以造出许多具体的机器人，帮助洗碗、打扫卫生等。在程序设计领域，类是用来创建对象的模板。只有对象才可以干活，完成任务。创建对象分两步完成：实例化(利用类模板分配存储空间)和对象标识(给关键属性赋值)。

在 C#程序中，使用 new 关键字来创建对象。格式如下：

类名 实例名 = new 类名([参数]);

例如,

Employee emp = new Employee ();   //实例化, 按 Employee 为 emp 分配内存空间

表示用 Employee 类创建 emp 实例。

创建实例后, 可以访问实例的成员, 格式为:**实例.对象成员**。

例如, 在某管理者类的某个方法里可以这样创建和使用实例:

```
Employee emp1 = new Employee ();   //在内存创建 emp1 实例
Employee emp2 = new Employee ();   //在内存创建 emp2 实例
emp1.name = "玛丽";   //给 emp1 的 name 字段赋值, 此时 emp1 代表玛丽这个对象
emp2.name = "萨利";
emp1.age = 32;            //给 emp1 的 age 字段赋值, 是玛丽的实际年龄
emp2.age = 48;
emp1.Say();              //调用 emp1 的 Say 方法, 显示姓名和年龄
emp2.Say();
```

在"管理者"这样的其他类里使用 Employee 类创建对象时, 要注意 Employee 成员的安全访问级别。例如, 由于 Employee 类的 age 默认是 private 级别, 在"管理者"类里, emp1.age = 32 这样的语句就会出现访问错误。要在外部能使用这些字段, 可以在 Employee 的 age 前加 public, 对外公开这个字段。

3.2.4　方法(Method)

方法代表一个功能模块。例如, 下面的 Add 方法实现了加法功能:

```
public int Add(int a,int b)
{
    return a + b;
}
```

方法由声明(有的翻译为签名)和实现(方法体)两部分组成。例如:

(1)　public int Add(int a,int b)表示声明部分, 由访问标识符 public、返回类型 int、方法名 Add、参数 int a 和 int b 组成。返回类型为 int, 表示必须返回一个整数(方法体里的 return a+b 返回 a 和 b 相加后的和, 是一个整数)。如果方法没有返回值, 返回类型应设为 void。参数放在圆括号内。参数个数由方法要实现的功能确定, 可以没有参数。

(2)　{ return a+b; }是实现或方法体。实现是由花括号括起来的一系列语句, 也就是算法的实现。花括号里可以没有任何语句, 称为空方法。在方法返回类型不是 void 时, 花括号里至少要有一条 return 语句将结果返回给方法调用者。

3.2.5　参数(Parameter)

方法的使用涉及调用方和被调用方, 可以理解为对话的双方。在对话过程中, 最重要的是双方语言中所传达的信息。传达的信息越清晰, 沟通就越顺畅, 合作效果也越好。这种在双方之间传递的信息在方法中称为参数, 是非常重要的概念。

大家对烽火戏诸侯还有印象吧，如图 3-3 所示。

西周时，周幽王宫涅为博褒姒一笑，点燃了烽火台，戏弄了诸侯。这件事情很严重，直接导致了西周的灭亡，开启了东周列国时代。烽火台是古时用于点燃烟火传递重要消息的高台。遇有敌情发生，白天施烟，夜间点火，台台相连，传递消息。这是最古老但行之有效的消息传递方式。

图 3-3　烽火戏诸侯(图片来源：百度百科)

这场烽火戏诸侯，甲方是宫涅，乙方是虢石父，用户是褒姒。项目目标清晰(宫涅为博褒姒一笑)，由虢石父献策并实现。程序涉及烟火传递的有两方：边关守将和各地诸侯。用于传递消息的烟火就相当于这里要介绍的参数。边关守将是传递消息的一方，是调用者(caller)；各地诸侯是接收消息的一方。双方约定的消息格式(烟火)就是参数。

宫涅启动了"烽火戏诸侯"游戏，命令边关守将召唤各地诸侯。

于是，守将点燃了烽火，烽火招来了兵强马壮的各地诸侯。

于是，目标达成：褒姒笑了。

于是，副作用显现：西周灭了！当然，如何避免程序的副作用，是甲方宫涅和乙方虢石父要考虑的事。这里关注的只是如何传递消息。

一方调用另一方的方法，参数附加在方法中。所以，参数是与方法相关的变量。参数分为形参和实参。诸侯头脑中的"烟火"只是一个想象和概念，是一种"敌人来了，快来支援"的约定。这种参数只是形式上的，简称为形参。相对地，守将点燃的烟火，是一次实实在在的狼烟。这种参数是实际的，简称为实参。

也就是说，被调用方法的声明中所带的参数是形参。例如 public int Add(int a, int b)中的 a 和 b。形参也是变量，不过在该方法没被调用之前，没有自己的内存空间，不能赋值。换句话说，方法本身也是一个模板，在没有被调用时，它所带的参数并没有被分配内存，只是形式上有这个参数，实际上没有。再来看看方法的调用，例如：

```
int x = 72;
int y = 36;
int z = Add(x, y);
```

这段代码先给变量 x 和 y 赋值，再调用 Add 方法。此时，系统会按 Add 的形参 a 和 b 的类型声明为它们分配存储空间，并把 x 和 y 的值分别复制给 a 和 b，a 和 b 便有了实实在在的值。这个例子中，调用方的 Add(x, y)中的 x 和 y 就称为实参。

3.2.6　参数传递模式

在 C#中，有按值、按引用等传参模式。

in 参数.flv

在生活中，外出旅游，旅行团导游要给你买保险，你复印一张身份证证件给她，原件还在你那里，她在复印件上怎么乱涂乱画都不会影响到原件。这就是典型的按值传参模式。按值传参模式就是把实参的值复制到被调用方法的形参里，在被调用的方法中对形参的任何处理都不会影响到实参。例如，实现两个值的交换：

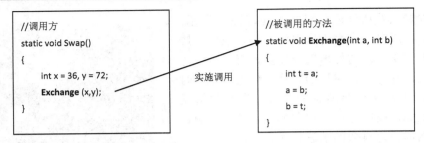

在 Swap 中调用 Exchange 时，在内存中为 Exchange 的 a 和 b 参数分配空间并把 x 和 y 的值分别传给了 a 和 b。在 Exchange 方法体中，实现了 a 和 b 的值的交换，但并不影响 Swap 中的 x 和 y。

按引用传递则不同。例如，你刚好没空去复印，你告诉导游，身份证放在门卫那里，请她到门卫那里取，用完后再放到门卫那里，你有空再去取回来。可以想象，这是对原件的直接控制，在上面乱涂乱画意味着对身份证的毁坏。这是典型的按引用传递的方式。说白了，就是传的地址，在那个地址中有双方需要的数据。按引用传参模式就是把实参的地址复制到形参，在方法体中对形参的处理会直接影响到实参。例如：

```
//调用方
static void Swap()
{
    int x = 36, y = 72;
    Exchange (ref x, ref y);
}
```

```
//被调用的方法
static void Exchange(ref int a, ref int b)
{
    int t = a;
    a = b;
    b = t;
}
```

实施调用

与按值传递做对比，可以看出两者的不同：按引用传递在形参和实参前面都加有 ref。在 Swap 中调用 Exchange 时，同样在内存为 Exchange 的 a 和 b 参数分配了空间，但把 x 和 y 的地址分别传给了 a 和 b。在 Exchange 方法体中，对 a 和 b 的交换，实际上交换的是 Swap 中 x 和 y 的地址。这里的关键是 ref，就是它使得参数是按引用传递的。也就是说，当在参数前加上 ref 关键字后，传入到方法体的是实参本身。方法体对参数的任何操作，都是对实参本身的直接操作。当然，这是从调用者向被调用者传递参数。有没有从被调用者把参数传递回调用者呢(用 return 返回的值除外)？看看下面这个例子：

out 参数.mp4

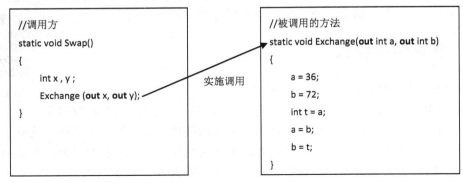

注意到区别了吗？

在这个例子中，把前面例子中的 ref 换成了 out，表示这是输出参数。另一个重要的方面是，Swap 中并没有对 x 和 y 赋值，而是在 Exchange 中先对 a 和 b 赋值再交换。这也是一种引用传递：对 a 和 b 的任何操作，就相当于直接操作 x 和 y。所以，方法执行结束后，就相当于 a 和 b 把值带出来(out)了。这一般适用于返回多个值的场合。

要注意用 ref 和 out 限定参数时的区别。

- ref：方法声明和方法调用都必须使用 ref 关键字。
- ref：实参必须在传递前初始化(out 无此要求)。
- out：返回前必须对未初始化的参数进行初始化处理。

最后，来看看如何利用 C#的 params 关键字实现参数的批量传递。用 params 对参数进行限定，可以自动把传入的值按照规则转换为一个新建的数组。例如：

params 参数.mp4

```
static void Plus(string[] args)
{
    //传 0 个参数，返回结果为 0
    int r1 = Sum();
    //传单个参数，返回结果为 1
    int r2 = Sum(1);
    //传多个参数，返回结果为 6
    int r3 = Sum(1, 2, 3);
}
```

实施调用

```
//params 型 int 数组参数
public static int Sum(params int[] val)
{
    int count = 0;
    //循环累计参数 val 中各元素的值
    foreach (int a in val)
    {
        count = count + a;
    }
    return count;
}
```

注意：在方法声明中的 params 关键字后不允许有任何其他参数，并且在方法声明中只允许有一个 params 关键字。

3.2.7 属性(Property)

如果把类的字段设计成公开的(public)，那么其他类可以随意访问和修改它。例如，Employee 类的 age 如果是公有的，可以用"实例名.age = 36"把对象的年龄改为 36 岁。如果不小心写成"实例名.age = -36"，系统也不会自动发现错误。

类的属性.mp4

一般来说，字段会设计成私有的，再以某种方式供外界访问或修改。除了可以利用类本身提供的公开方法访问内部私有成员外，C#还提供了属性机制来对字段进行封装。属性通过 get 和 set 访问器实现对私有字段的存取，提供了一种灵活安全的机制来访问和修改类的私有字段。其基本形式如下：

```
public [数据类型] [属性名称]
{
    get{ //用 return 返回字段的值   }          //读访问器
    set{ //把 value 的值赋给私有字段;   }       //写访问器
}
```

只有 get 的属性称为只读属性；只有 set 的属性称为只写属性；两者都有的属性称为可读写属性。例如：

```
class    Employee    //职工类
{
    private string name;    //姓名字段
    private int age;          //年龄字段
    public string Name      //姓名属性(只读)
    {
        get {    return name; }    //把姓名字段的值返回给调用者
    }
    public int Age              //年龄属性(可读写)
    {
        get {    return age; }    //把年龄字段的值返回给调用者
        set {    if (value < 0){
                    Console.WriteLine("输入的年龄不正确！");
                }else{
                    age = value; //把给属性赋的值存入 age 字段
                }
        }
    }
    public void Say()
    {
        Console.WriteLine("我是" + name + "今年" + age + "岁");
    }
}
```

```
class Manager //管理者类
{
    static void Main(string[] args)
    {
        Employee emp = new Employee ();
        emp.Name="玛丽";
        emp.Age = -36;
    }
}
```

在上面的 Employee 类中，name 和 age 被定义为私有(private)的，但可以用公开的 Name 和 Age 属性来访问它们。在 Name 属性中，只有 get 访问器，是只读属性。在 Age 属性中，同时有 get 和 set 访问器，是读写属性。在管理者类中，用 emp.Name="玛丽"语句给 name 字段赋值是不允许的。用 emp.Age = -36 语句给 age 赋值是可以的，但因为是负值而没法改变 age 字段的值，系统提示"输入的年龄不正确！"。

请注意，set 访问器中的 value 是 C#的关键字，保存有要赋给属性的值。例如，执行到属性赋值语句 emp.Age = -36，系统会自动调用 Name 属性的 set 访问器。此时 value 为-36。系统执行 if (value < 0)条件语句时，因-36 小于 0 而执行显示提示信息的语句，不会执行 age = value 语句，所以 Manager 类的 emp.Age = -36 语句没能改变 emp 实例的 age 字段的值。

3.2.8　构造方法与析构方法(Constructor & Destructor)

与人一样，任何一个 C#对象也都有生命周期。

首先是十月怀胎，这是一个按"人类"创建具体人的过程。对应到面向对象方法学，类似这个创建具体人的过程称为构造方法。

其次是传奇一生，从一声哭喊开始，预示着自己来到这个世界，开始在这个世界上打拼，学习、被招聘，与同事一起协同工作，完成各种任务。对应到面向对象方法学，类似这些种种工作过程，称为方法(用"方法"来表示种种过程，是不是表示你经过学习和实践已经具备了解决问题的方法？)。

最后是入土为安，挥一挥衣袖，不带走一片云彩……。对应到面向对象方法学，类似葬礼的过程称为析构方法，清理对象残留在内存的数据……。即使没有明显的撤销动作，一个对象在所创建的类中，遇到结尾的"}"也会被自动撤除。也许没有哪个人甘愿自动离开这个美好的世界，但每个人也都会遇到那个属于自己离开世界的"}"。

当然，不管是十月怀胎，还是离开世界后的遗物处理，都不是自己能把控的事情。这也就意味着，不管是构造方法还是析构方法，都不是对象自己能调用的，它们是计算机系统的事情，是在必要时由系统自动调用的。

1. 构造方法

构造方法(其实我宁可把它翻译为造物方法)的名称与类名相同，且无任何返回类型，在创建对象时被系统自动调用一次(一个人不可能回到娘肚子里再创建一次)。

构造方法可以是默认的(人类没法按照自己的意愿决定自己的长相)，但也可以根据实际情况设计特别的构造方法(这是优于人类的地方)。所谓默认的构造方法，就是你不用设计任何有关造物的方法，系统会按自己的意志(当然是事先设定好了)造物。

大多时候，用户会按需要设计自己的构造方法，以实现在创建对象时为字段赋初始值。例如：

```
public class Employee
{
    private string name;
    private int age;
    public void Say()
    {
        Console.WriteLine("我是" + name + "今年" + age + "岁");
    }
    //带两个参数的构造函数
    public Employee (string p1,int p2)
    {
        //把参数值赋给字段
        name = p1;
        age = p2;
    }
}

public class Manager
{
    static void Main(string[] args)
    {
        Employee emp1 = new Employee ("玛丽",19);
        Employee semp2 = new Employee ("萨利",20);
        emp1.Say();
        emp2.Say();
    }
}
```

程序执行到 Employee emp1 = new Employee ("玛丽",19)时，系统会自动调用 Employee (string p1, int p2)方法，把实参"玛丽"和 19 分别传给形参 p1 和 p2，进一步把这两个值保存在 emp1 实例的 name 和 age 字段中，创造了玛丽这个对象。

同理，程序执行到 Employee emp1 = new Employee ("萨利",20)时，系统会再次调用 Employee (string p1, int p2)方法，把实参"萨利"和 20 分别传给形参 p1 和 p2，再把这两个值保存在 emp2 实例的 name 和 age 字段中，创造了萨利这个对象。

2. 析构函数

析构方法通常是默认的。在 C#程序中，一般不会设计自己的析构方法。为什么呢？因为 C#程序通常运行在 CLR 平台。CLR 平台有垃圾自动回收机制，能根据内存的使用情况自动进行资源回收和清理。

如果对此没有直接感受，就想象一下大班上课的情形。一般来说，下课后，学生都会离开教室，不必关心下课后的教室情况，因为有专门的人来做清洁卫生。有的学生当然可以继续留在教室，也许一会儿还要上课。当然也有可能被做清洁的人劝离教室，以便打扫后给另外的人上课用。

能把这个情形对应到面向对象方法学吗？想象一下：

一栋教学楼(有多间教室) = 内存(可以运行多个程序)

一间教室(可用于教学)　　= 内存的一个区域(只运行一个程序)

学生　　　　　　　　　 = 对象

大楼清洁员　　　　　　　=CLR 垃圾回收器

上课时，一个个学生进入教室就相当于在内存创建一个个具体的对象。这是系统调用构造方法实现的。

下课时，一个个学生离开教室就相当于在内存清理一个个具体的对象。这是系统调用析构方法实现的。析构方法的主要作用就是释放被占用的系统资源。既然 CLR 有现成的内存清洁工，何必多此一举再去编写而浪费时间呢。当然，如果有特殊情况那就另当别论。毕竟，"带走知识，不留垃圾"，该自己清理的还是要自己清理。

C#的析构方法的名称由"~"和类名合成。它不返回任何值，也不带任何参数，不能继承，也不能重载。例如：

```
~Employee()
{
    //可以在这里写语句以清理特定资源
    //也可以显示信息，例如：
    Console.WriteLine("I'm going to find my true love!");
}
```

3.2.9　运算符重载

对于 C#提供的运算符，如+、−、*、/等，可以赋予其新的含义，这就是运算符重载。在 C#中，可以通过 operator 关键字重载运算符，格式如下：

```
[修饰符] static  数据类型  operator  运算符(参数){ … }
```

例如，C#没有提供复数类型和复数运算符。要实现复数运算，只有自己设计，例如：

```
class Complex   //复数类，这里仅实现加减运算
{
    private int a;   //代表复数的实部
    private int b;   //代表复数的虚部
    public Complex(int x, int y) //构造方法
{
        this.a = x;
        this.b = y;
    }
    public Complex Add(Complex p)
{
        int u = a + p.a;
        int v = b + p.b;
        return new Complex(u, v);
    }
public Complex Sub(Complex p)
{
        int u = a - p.a;
        int v = b - p.b;
        return new Complex(u, v);
    }
    public void Print()
{
      if(this.b==0&&this.a==0){
        Console.WriteLine("0");
      }else{
        Console.WriteLine(a+"+"+b+"i");
      }
    }
}
```

```
//创建复数实例，进行复数的加减运算
Complex c1 = new Complex(36, 4);
Complex c2 = new Complex(72, 2);
(c1.Add(c2)).Print();
(c1.Sub(c2)).Print();
```

运行这个程序，输出结果为：

```
108+6i
-36+2i
```

阅读这段代码，从数学的角度来看复数运算，是不是有点别扭？下面用重载运算符来替代 Add 和 Sub 方法(用右边替换左边)，其加减运算的表示就清爽得多：

```
public Complex Add(Complex p)
{
    int u = a + p.a;
    int v = b + p.b;
    return new Complex(u, v);
}
public Complex Sub(Complex p)
{
    int u = a - p.a;
    int v = b - p.b;
    return new Complex(u, v);
}
```

```
public static Complex operator +(Complex x, Complex y)
{
    int u = x.a + y.a;
    int v = x.b + y.b;
    return new Complex(u, v);
}
public static Complex operator -(Complex x, Complex y)
{
    int u = x.a - y.a;
    int v = x.b - y.b;
    return new Complex(u, v);
}
```

```
(c1.Add(c2)).Print();
(c1.Sub(c2)).Print();
```

替换

```
(c1 + c2).Print();
(c1 - c2).Print();
```

下面是完整的测试复数类加减运算的代码：

```
class Test{
    static void Main(String[] args)
    { //输入两复数实部和虚部，每数用空格分隔，如 36 4 72 2，表示 36+4i 和 72+2i
        string[] inputs = Console.ReadLine().Split(" ".ToCharArray(),
        StringSplitOptions.RemoveEmptyEntries);
        int r1 = int.Parse(inputs[0]);          //取第一个复数的实部
        int i1 = int.Parse(inputs[1]);          //取第一个复数的虚部
        int r2 = int.Parse(inputs[2]);          //取第二个复数的实部
        int i2 = int.Parse(inputs[3]);          //取第二个复数的虚部
        Complex c1 = new Complex(r1, i1);       //创建第一个复数实例 c1
        Complex c2 = new Complex(r2, i2);       //创建第二个复数实例 c2
        (c1 + c2).Print();    //c1 和 c2 两个复数相加，用的是重载后的"+"运算符
        (c1 - c2).Print();    // c1 和 c2 两个复数相减，用的是重载后的"-"运算符
    }
}
```

这段代码中，用 Console 对象的 ReadLine 方法从键盘读入的数是字符串，可用 Split 方法拆分输入的字符串。这里的 Split 有两个参数，其中，" ".ToCharArray()表示用空格拆分，而 StringSplitOptions.RemoveEmptyEntries 表示消除字符串中的空格。

3.2.10 索引器

索引器是一种特殊的类成员，允许类的实例像数组那样进行索引。当一个类包含数组和集合成员时，利用索引器可简化它们的存取操作。索引器的格式如下：

```
[修饰符] 数据类型 this [索引类型 index]
{    //get 代码
```

索引器.mp4

```
            //set 代码
    }
```

其中，修饰符包括 public、protected、private、internal 等；数据类型表示将要存取的数组或集合元素的类型；索引类型表示该索引器使用哪种类型的索引来存取数组或集合元素，可以是整数、字符串；this 表示操作本对象的数组或集合成员，要声明类或结构上的索引器，需使用 this 关键字；get 表示返回值；set 表示分配值。例如：

```
public class MyIndexer
{
    private string[] name = new string[2];
    public string this[int index]
    {
        get   //实现索引器的 get 方法
        {
            if (index < 2)
            {
                return name[index];
            }
            return null;
        }
        set   //实现索引器的 set 方法
        {
            if (index < 2)
            {
                name[index] = value;
            }
        }
    }
}
```

```
public class Test
{
    static void Main()
    {
        //索引器的使用
        MyIndexer idx = new MyIndexer ();
        //=号右边对索引器赋值，
        //就是调用索引器的 set 方法
        idx[0] = "张三";
        idx [1] = "李四";
        //输出索引器的值，
        //就是调用索引器的 get 方法
        Console.WriteLine(idx [0]);
        Console.WriteLine(idx [1]);
    }
}
```

注意：Test 中的 idx 是 MyIndexer 类的对象，在使用 MyIndexer 的 name 字段时，相当于用 idx 代替了 name。

3.3　类的继承与多态

人类因继承而延续壮大，因多态而丰富多彩，面向对象方法学亦如此。继承与多态性是面向对象方法学的重中之重。有了继承和多态机制，程序变得易于维护、升级和扩展。没有继承和多态，面向对象方法学便失去了存在的意义。有人将支持抽象与封装但不支持继承和多态的程序设计语言称为基于对象的语言，只有支持了抽象、封装、继承和多态的程序设计语言才配称面向对象程序设计语言。

3.3.1 类之间的继承关系(Inheritance)

在现实世界，子女可以从父母那里继承 DNA，便有了类似的相貌。在程序设计世界，新事物可能与旧事物有相似的属性和方法，所以新事物同样可以从旧事物继承那些相似的属性和方法。C#程序中的类继承指的就是在已有类的基础上派生出新的类。已有类称为父类或基类，新类是父类的子类或派生类。

例如，人事管理信息系统中的职工继承体系结构如图 3-4 所示。

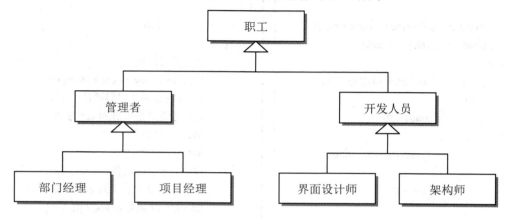

图 3-4　职工继承体系结构

C#用"**:**"表示这种继承关系。例如，管理者从职工派生出来，可以这样表达：

```
class Manager : Employee
{
    ...
}
```

代码中，Manager 和 Employee 之间的 ":" 用来标识两者之间的继承关系。在继承时，基类成员的封装级别是值得关注的问题。派生类无法访问基类的私有成员，可以访问其公开的(public)和被保护的(protected)成员。Manager 类继承了 Employee 类，便直接拥有了 Employee 中访问标识为 public 和 protected 的成员。

3.3.2 类的多态性(Polymorphism)

多态的原意是多种形态。在程序设计语言和类型理论中，理解起来有一定的难度。

In programming languages and type theory, polymorphism (from Greek πολύς, polys, "many, much" and μορφή, morphē, "form, shape") is the provision of a single interface to entities of different types.

——摘自 https://en.wikipedia.org/wiki/Polymorphism_(computer_science)

这里说得很清楚，多态性(polymorphism)来自希腊语，poly 就是"多"，morph 是"形"的意思。Single interface to entities of different types 也好理解，即单个接口对不同类型的实体。Provision 呢？意思很多，但本意是预见。所以，可以译为：对不同类型的实体提供具有预见性的单一接口。

如果用类代替类型，用对象代替实体，就是为不同类的对象提供一个统一的接口。目前有几种实现多态性的办法，其中一种示例如图 3-5 所示。

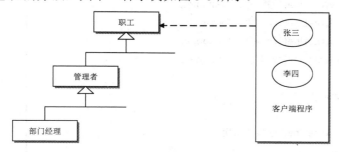

图 3-5　多态性示例

图 3-5 中，职工类作为其一系列的派生类对外提供一致的接口，即这些类有同样的方法(在接口中列出)，如管理方法。客户端程序在使用这个系列类实现人事管理信息系统时，所创建的"张三""李四"等"职工"却可能表现出不同的形态。例如，当调用"张三"的管理方法时，有可能是普通的管理方法，也可能是管理部门的方法，视具体情况而定，这就是多态性。这是利用继承实现多态性的办法。另外还有方法重载、泛型等办法，C#也都支持。

C#利用继承实现多态性，要用到 virtual 和 override 关键字。virtual 用于基类的方法，表示方法可以被后代覆盖。override 用于派生类的方法，表示对基类同名方法进行覆盖。

封装、继承与
多态.flv

下面以宠物系统的饲养宠物狗为例来具体了解封装、继承和多态性。

1. 第一代 Pet

宠物狗有毛色、叫声、对主人的忠诚度、开心程度等多种行为特征。为理解概念，这里对设计进行了简化。经抽象后，关注的宠物狗类的行为特征如下：

特征：昵称、体重、开心度、忠诚度。

行为：犬吠、体检、进食、娱乐、训练、冷落。

对应的 C#程序源代码如下：

```
class MiniDog
{
    string name;       //昵称
    double weight;     //体重，介于 10～20 公斤
    int happy;         //开心度，0～5，0 表示不幸福，值越大越幸福
    int honest;        //忠诚度，0～5，0 表示不忠诚，值越大越忠诚
    public MiniDog(string name, double weight, int happy, int honest)    //构造方法
    {
        this.name = name;
        this.weight = weight;
        this.happy = happy;
        this.honest = honest;
    }
    ~MiniDog()    //析构方法
    {
        Console.WriteLine("我要找我的真爱去了!");
    }
    public void Barking()    //犬吠
    {
        Console.WriteLine("汪汪...");
    }
}
```

```
        public void Checking()      //体检
        {
            Console.WriteLine("昵    称： " + name);
            Console.WriteLine("体    重： " + weight);
            Console.WriteLine("开心度： " + happy);
            Console.WriteLine("忠诚度： " + honest);
        }
        public void Eating()
        {
            Console.WriteLine("进食中...");
            if (happy < 5)
                happy++;      //开心度增加
            if (weight < 20)
                weight++;     //增肥
        }
        public void Playing()
        {
            Console.WriteLine("自个玩...");
            if (happy < 5)
                happy++; //开心度增加
            if (weight > 10)
                weight--;     //减肥
        }
        public void Training()
        {
            Console.WriteLine("训练它...");
            if (happy > 0)
                happy--;      //开心度降低
            if (honest < 5)
                honest++;     //忠诚度增加
        }
        public void Letbe()
        {
            Console.WriteLine("不理它...");
            if (happy > 0)
                happy--;      //开心度降低
            if (honest > 0)
                honest--;     //忠诚度降低
        }
    }
}
```

```
public class Pet
{
    static void Main(string[] args)
    {
        //创建阿福对象，初重 12.3 公斤，
        //开心度中等，忠诚度中等
        MiniDog md = new MiniDog("阿福", 12.3, 3, 3);
        md.Eating();        //进食
        md.Checking();      //体检
    }
}
```

这个程序的运行结果如图 3-6 所示。

第 1 行是调用阿福的 Eating 方法后显示的结果。

第 2~5 行，是调用阿福的 Checking 方法显示的结果：进食后，体重从 12.3 增加到 13.3，开心度增加了，忠诚度未变。

最后一行是程序运行结束后，CLR 的垃圾回收器开始清理内存资源，要撤销阿福对象，自动调用了析构方法后显示的结果。

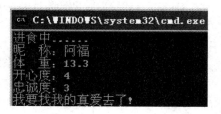

图 3-6　第一代 Pet 运行结果

2. 第二代 Pet

这个版本要求扩展宠物狗的功能：让宠物狗能去取报纸。

显然，如果修改 MiniDog 类，一切都得重来。为节省时间，可以利用 C#的继承机制来扩展宠物狗的能力。为宠物狗派生的类取名为 PaperDog。PaperDog 在具有 MiniDog 类的行为特征的同时，还有一项特殊本领：会取报纸。

用 C#类的继承机制(用 ":" 表示两者的继承关系)，能从 MiniDog 继承其行为特征，PaperDog 源代码和 Pet 类使用新功能的代码如下：

```csharp
class PaperDog : MiniDog    //用继承机制
{
    public PaperDog(string name, double weight, int happy, int honest)
            : base(name, weight,happy, honest)
    {
    }
    public void GetNewsPaper()    //增加的新功能
    {
        Barking();    //调用父类的功能
        Console.WriteLine("我把报纸取回来了......");
    }
}
```

```csharp
public class Pet
{
    static void Main(string[] args)
    {
        PaperDog md =
            new PaperDog("阿福", 12.3, 3, 3);
        md.GetNewsPaper();    //新能力
    }
}
```

程序的运行结果如图 3-7 所示。

图 3-7　第二代 Pet 运行结果

因为继承了 MiniDog 类，PaperDog 类的实现只用了很少的代码。即使是构造方法，这个派生的 PaperDog 类也什么都不用做，直接交给父类去构造(base 代表父类)。可见，用继承机制能大幅度减少工作量且能快速达到目的。

3. 第三代 Pet 程序

这个版本要求继续完善宠物系统：能取报纸的宠物狗都有一个习惯，即进食前要吠一声，把其他狗驱赶开再进食，且体重增加也比普通 MiniDog 快一倍。这种狗称为强壮狗 (StrongDog)。怎么实现这个习惯呢？同样用继承机制实现如下：

```csharp
//从 PaperDog 继承，有 MiniDog 和 PaperDog 的所有特征和行为
class StrongDog : PaperDog
{
    public StrongDog(string name, double weight, int happy, int honest)
        : base(name, weight, happy, honest)
    {
    }
    public void Eating()    //进食
    {
        Barking();          //进食前叫一声
        base.Eating();      //用 MiniDog 的功能
        weight += 2;        //体重增加较快
    }
}
```

```csharp
public class Pet
{
    static void Main(string[] args)
    {
        MiniDog md = new StrongDog(
                "阿福", 12.3, 3, 3);
        md.Eating();
        md.Checking();
    }
}
```

在 Pet 类中使用新功能，这个程序显然通不过编译。因为 weight += 2 语句用到了 MiniDog 类的私有字段。

为解决这个问题，在 MiniDog 的 weight 字段前面增加 protected 访问标识符：

protected double weight;

现在，能通过编译了。运行这个程序，结果如图 3-8 所示。

图 3-8　第三代 Pet 首次运行结果

看出问题了吗？

MiniDog md = new StrongDog("阿福", 12.3, 3, 3);

Pet 类中的这条语句，先把 md 声明为 **MiniDog** 类型，然后在具体创建时用的是 **StrongDog**，即想创建的是强壮狗。但执行的 md.Eating()语句并不是 StrongDog 的 Eating 方法，而是 MiniDog 的 Eating 方法。

这个设计期望的是：

MiniDog md = new **MniDog**("阿福", 12.3, 3, 3);　//创建具有一般特征的迷你狗
MiniDog md = new **StrongDog**("阿福", 12.3, 3, 3);//创建能取报、食前吠的迷你狗

这就是多态性问题！

即面对同一种 MiniDog，根据不同的类构造方法创建的实例应具有不同的"形态"。

要解决这个问题，就要利用 C#对多态性的支持。只要修改两个地方即可达到目的。MiniDog 和 StrongDog 具有同名方法 Eating()，这涉及方法重载：在基类的同名方法前加 virtual 修饰符，表示这是个虚方法，派生类可以重载；然后在派生类的同名方法前加 override 修饰符，表示重载这个方法。修改的两处如下：

```
virtual public void Eating()          //这是基类 MiniDog 的同名方法
override public void Eating()          //这是派生类 StrongDog 的同名方法。
```

再次运行程序，结果如图 3-9 所示。

可见，这次调用的是 StrongDog 的 Eating 方法。

也就是说，经过这种设计，MiniDog 已具有多态特性。在声明对象时，统一声明为 MiniDog 类，但在具体创建时，可以根据实际情况创建 MiniDog 或 StrongDog 类对象。

图 3-9　第三代 Pet 修正后的运行结果

3.4　抽象类与接口

菩提本无树，明镜亦非台，本来无一物，何处惹尘埃。

——摘自敦煌写本《坛经》

世上本无"树"，树只是一个概念，不能用它生成具体的树。因此，"树"是抽象的。抽象的"树"可以派生出"毕婆罗树"等具体的树，由"毕婆罗树"方可创建那棵举世闻名的"菩提树"(悉达多王子坐在该树下悟道成佛)。现实世界有许多抽象的概念，只有其派生类才有对应的事物存在。另外，现实世界充满形形色色的接口。抽象类相当于接口，但前者可实现部分方法，后者不能实现任何方法；前者可以包含数据成员，后者不能。

3.4.1　抽象类

In programming languages, an abstract type is a type in a nominative type system that cannot be instantiated directly; a type that is not abstract – which can be instantiated – is called a concrete type. Every instance of an abstract type is an instance of some concrete subtype.

——摘自 https://en.wikipedia.org/wiki/Abstract_type

在程序设计语言中，基于名称类型系统(nominative type system)的抽象类型(abstract type)是不能直接被实例化(instantiated)的；能被实例化的非抽象类型称为具体类型(concrete type)。每个抽象类型的实例(instance)是一些具体子类型(subtype)的实例。

基于名称的类型系统，是指需要显式声明类型的名称以确定其数据类型是否兼容和等价。在这样的类型系统中，不能被实例化的类称为抽象类。抽象的东西是不存在于任何特定时间或地点的，抽象类通常作为基类而存在。在 C#中，用

抽象类和
密封类.flv

abstract 关键字来限定类是抽象的。抽象方法也用 abstract 限定，在派生类中需要用 override 关键字限定对应方法，表示对该抽象方法的重载。

定义抽象类的格式为：

abstract class 类名{   }

定义抽象方法的格式为：

abstract 方法声明；

或

abstract 方法声明{ 方法体 }

例如：

```
abstract class Tree    //树类 Tree 是抽象类
{    //树的生长 Grow 为抽象方法
        public abstract void Grow();
}
```

```
class Peach : Tree    //定义 Tree 的派生类桃树
{   //覆盖抽象类的同名方法
     public override void Grow ()
     {
            Console.WriteLine("桃之夭夭，灼灼其华。");
     }
}
```

3.4.2   密封类

抽象类只能用其派生类创建具体对象。相反，不派生任何类的类，称为密封类。这有点像现实生活中的丁克家族。C#支持对类的密封，限制类的扩展性。类被密封，其他类就不能从该类继承。方法被密封，派生类就不能重载该方法。

声明密封类的格式为：

访问修饰符 **sealed** class 类名：基类或接口{   }

耳畔是不是响起了一阵明快而略显忧伤的旋律：**sealed** with a kiss。译成中文就是"以吻封缄"，一首极具浪漫色彩的歌曲，凄婉的嗓音道尽了好友、恋人之间"欲走还留"的心路历程。

好，言归正传。下面的代码把 Mail 类设计成密封类：

```
public sealed class Mail
{
    public string season = "summer";
    public void SealedWithKiss ()
        {
                Console.WriteLine("Though we gotta say goodbye for the summer ...")
        }
}
```

在这段程序代码中，定义了一个密封类。它包含一个字符串类型的变量和一个不需要

返回任何值的方法。这个类不能被继承。

我们知道，用继承扩展系统的功能是一把双刃剑(可以从人类社会的繁衍与人口政策中找到一些启示)。如果使用不当，类的派生层次会越来越多，结构会越来越复杂，对类的理解和对系统的维护也都会变得越来越困难。

为避免滥用继承，对于那些静态类、带有安全敏感信息的类，以及继承多个虚方法且密封每个成员的开发和测试代价远大于密封整个类的类，应设计成密封类。

不过要注意的是，密封类不能作为基类被继承，但可以继承别的类或接口。密封类显然不能声明为抽象的，在密封类中也不能声明受保护成员或虚成员。

对于方法来说，只能封缄那些对基类的虚方法进行实现的方法，并提供具体的实现，即 sealed 修饰符总是和 override 修饰符同时使用。例如：

```csharp
public class Letter //信件类
{
    public virtual void Write() //写信
    {
        Console.WriteLine("Though we gotta say goodbye for the summer ");
        Console.WriteLine("Darling, I promise you this ");
        Console.WriteLine("I' ll send you all my love every day in a letter");
        Console.WriteLine("... ");
    }
}

public sealed class Email : Letter    //派生电子邮件类
{
    //封缄并重写基类中的虚方法
    public sealed override void Write()
    {
        base.Write();
        Console.WriteLine("Sealed with a kiss");
    }
}
```

这段程序代码定义了一个 Letter 类，包含一个虚方法 Write。从 Letter 类派生了一个密封类 Email。密封类封缄并重写了 Letter 类中的 Write 虚方法。

3.4.3 接口(Interface)

An INTERFACE in C# is a type definition similar to a class, except that it purely represents a contract between an object and its user. It can neither be directly instantiated as an object, nor can data members be defined. So, an interface is nothing but a collection of method and property declarations.

接口概念.flv

——摘自 *C Sharp Programming*(Wikibooks.org)

C#中的接口，是一种与类相似的类型定义，但只是纯粹地表示对象及其用户之间的协议。它既不能直接实例化为对象，也不定义任何数据成员。所以，接口只声明方法和属性。

Design.Patterns,.Elements.Of.Reusable.Object.Oriented.Software 一书是软件设计领域最为经典的教程之一，描述了可重用面向对象软件的基本元素：设计模式。书中有一句至理名言：

Programming to an Interface, not an Implementation.

翻译过来就是：面向接口而不是面向实现进行程序设计。

作为设计师，这是应该牢牢记住的。例如，电视机要通电，得有一个电源插孔；要与录像机等设备共同组成一个家庭影院系统，得留下相应的视音频插孔……。这些插孔是有标准的，是行业约定，也就是接口。电器工程师都会面向这些接口进行产品设计，否则生产出来的产品就没法正常使用。所以，接口是非常重要的概念。

在面向对象程序设计领域，对象的类(class)和对象的类型(type)是不同的。对象的类定义了对象是如何实现的，它定义了对象的内部状态(state)和对状态的操作(operation)的实现。对象的类型仅指它的接口(interface)，即一套可以响应的请求。一个对象可以有多种类型，多个不同类的对象也可以有相同的类型。

在 C#中，用 interface 关键字来定义接口，格式如下：

interface 接口名称[类型参数][:基接口[类型形参]]
{
    //接口体
}

接口实现.flv

接口定义格式的含义与类定义类似。但在具体定义接口时要注意：

● 建议接口的名字以大写字母 I 开头，后跟单词(单词首字母大写)，以 able 结尾。
● 接口对外是公开的(即使不用 public 修饰，默认也是对外公开的)。
● 方法只有声明，没有方法体，且对外也是公开的，不能用修饰符限定。
● 属性常写作自动属性，即写成"属性名{ get; set; }"，get 和 set 后不用圆括弧。

接口中的方法都是抽象的，必须在类中实现，且必须全部实现。例：

```
interface IDogable   //狗类接口
{
    string Name   //属性（自动属性）
    {
        get;
        set;
    }
    void Barking();   //方法
}
```

```
class MiniDog : IDogable   //实现 IDogable 接口
{
    public string Name
    {
        get;
        set;
    }
    public void Barking()
    {
        Console.WriteLine("汪汪…");
    }
}
```

这段代码首先用 interface 定义了一个 IDogable 接口。接口中包含一个 Name 属性和一个 Barking 方法。接口和方法默认都限定为 public。在此基础上，定义了 MiniDog 类。该类实现了 IDogable 接口，包括属性和方法的具体实现。

要注意的是，接口不能从类继承，但可以多重继承其他接口。例如：

```
interface IActable : IFlyable, IRunnable, ISwimmable
{
    //可在飞、跑、游等基础上添加其他功能声明
}
```

类的完整
定义.flv

习　题　3

1. 用面向对象方法设计一个计算器，能实现基本的加减乘除运算。

2. 有一个圆形水池。现在要绕水池加修一环形走道，过道宽 2 米，在其上铺设混凝土，混凝土的单价是 10 元/平方米；绕过道加修一圈栅栏，栅栏的单价是 30 元/米。请用面向对象方法设计一个成本计算程序，计算修过道和栅栏的成本。

3. 研究一个银行应用系统，该系统涉及三代银行业务。

(1) 第一代，传统时代：为了便于储户存取款，需要建立银行账户(Bank Account)，以记录账号(id)、户主(owner)、余额(balance)等信息，以及可以进行存款(Deposit)、取款(Withdraw)、查询余额(Query)等操作。这些就是 BankAccount 类拥有的属性和方法。请编写 BankAccount 类代码，并设计一个类对 BankAccount 类进行测试。

(2) 第二代，储蓄卡时代：为方便储户消费，银行扩展了银行储蓄卡(BankCard)业务。这种卡必须与银行账户绑定，所以拥有银行账户的部分属性和方法，但也有自己的特色功能，如 Pay(支付)等。因此 BankCard 除了从 BankAccount 继承的属性和方法外，也有自己的 Pay(支付)方法。请编写 BankCard 类代码，并设计一个类对 BankCard 类进行测试。

(3) 第三代，信用卡时代：为进一步促进消费，银行继续提供便民服务，开展了信用卡(CreditCard)业务。它同样要与银行账户绑定且有 Pay(支付)功能。为快速开发信用卡业务，节省时间和开支，不搞重复建设，CreditCard 从 BankCard 派生而来。这样 CreditCard 便直接拥有了 BankAccount 和 BankCard 的属性和方法。但是，信用卡不能无限制地消费，需要设置一个信用额度，所以 CreditCard 卡就有了自己的额度(limit)字段。请编写 CreditCard 类代码，并设计一个类对 CreditCard 类进行测试。

与银行卡业务有关　　实现账户类.flv　　实现和使用　　　实现和使用　　　类的访问
的类设计.flv　　　　　　　　　　　　银行卡类.flv　　信用卡类.flv　　控制机制.flv

第4章 程序设计范式

4.1 程序设计范式的概念

C# is a multi-paradigm programming language encompassing strong typing, imperative, declarative, functional, generic, object-oriented (class-based), and component-oriented programming disciplines.

——摘自 https://en.wikipedia.org/wiki/C_Sharp_(programming_language)

这是关于 C#的一段介绍文字。它强调了 C#是一种多"范式(paradigm)"程序设计语言，包括强类型(strong typing)、命令式(imperative)、声明式(declarative)、函数式(functional)、泛型(generic)、面向对象(object-oriented，基于类)、面向组件(component-oriented)等程序设计实践规范。

那么，什么是范式？强类型、命令式、声明式、泛型、面向对象(基于类)、面向组件指的又是一些什么样的程序设计范式呢？本章用不同的程序设计范式来解决同一个问题，引领你能以不同的视角去思考问题，从中领会程序设计范式的概念和用法，并体验用不同的范式解决问题时所带来的变化。

4.1.1 从面向对象说起

在计算机科学领域，"面向对象"一词来源于我国大陆对英文 Object-Oriented 的翻译。港澳台地区则将其译为"物件导向"。哪种翻译更合适？这就涉及对程序设计范式的理解问题。面向对象程序设计本质上是程序设计范式之一。

从字典上来看，Object 与程序设计想表达的意思接近的名词含义有以下几个。

(1) An object is anything that has a fixed shape or form, that you can touch or see, and that is not alive. 这里的 object 可以是有固定形状或形式的任何东西，你可以触摸或观看，且不是活物，一般译为"物体"或"东西"。

(2) The object of a particular feeling or reaction is the person or thing it is directed towards or that causes it. 这里的 object 是指特定情感或反应的对象，即直接面向或引起情感或反应的人或事，一般译为"对象"。

Oriented 的原意是 If someone is oriented towards or oriented to a particular thing or person, they are mainly concerned with that thing or person，指某人重点关注的人或事，通常译为"以……为方向的""对……感兴趣的""重视……的"。

程序设计的目的是什么？当然是为了解决问题。我们可以从不同的角度、以不同的思路来解决问题。那些行之有效且普遍适用的模式被人们归结为范式。着眼点和思维方式的

不同必然导致相应的范式各有侧重或倾向。人们一般用 oriented 来点出这种侧重或倾向。也就是说，范式引导着人们带着某种倾向去分析和解决问题，也就是起到"导向"作用。一般来说，"面向"有确定的目标，如面向工业界、面向世界、面向未来等，且强调静态结果。"导向"则需要去"找"，强调动态趋势，显然更符合程序设计的特性。但是，鉴于"面向对象"程序设计术语早已在我国大陆通用，本书依然用的是"面向对象"这个词汇。不过了解该词语背后的真实含义，对理解程序设计范式非常重要。正如有人说，找对象是"对象导向"，找到对象去约会是"面向对象"。按梦中情人的标准去找对象，具体目标未定但选择倾向已定，这是一种导向，是对象导向。找到之后再约会，就是面向对象了。两者的着眼点和思维方式显然不一样。

4.1.2 范式(Paradigm)

In science and philosophy, a paradigm is a distinct set of concepts or thought patterns, including theories, research methods, postulates, and standards for what constitutes legitimate contributions to a field.

——摘自 https://en.wikipedia.org/wiki/Paradigm

1. 范式的概念

从哲学和科学的角度来看，范式是指应用于某个领域的一套明确的概念或思维模式，包括理论、研究方法、假设和标准。

从字典上来看，paradigm 有两种解释。

(1) A paradigm is a model for something which explains it or shows how it can be produced. 这里指的是一种模型(model)，用于解释事物或展示怎样产生事物，一般译为"样板"或"范式"。

(2) A paradigm is a clear and typical example of something. 这里指的是样例(明确而典型的事物例子)，一般译为"典范"或"范例"。

从这些资料可以看出，所谓范式，指的就是思维模式或方法学，有明确区别于其他模式的理论、方法、标准，以及使用场合，是解决某一应用领域问题的样板。

2. 程序设计范式的概念

Programming paradigms are a way to classify programming languages based on their features. Languages can be classified into multiple paradigms.

——摘自 https://en.wikipedia.org/wiki/Programming_paradigm

程序设计范式指的根据程序设计语言的特征对这些语言进行分类的办法。一种程序设计语言可以体现多种范式，如 C#语言；一种范式也可以在多种程序设计语言中体现，如 C++、Java、C#等语言都支持面向对象程序设计范式。

综上所述，程序设计范式就是进行程序设计时的思维模式，每种程序设计范式都有其自身的基本风格或典范模式。掌握了程序设计范式，就掌握了程序设计方法学。

3. 常见的程序设计范式

当前，比较常见的程序设计范式有以下几种。

(1) 命令式(imperative)：使用语句来改变程序的状态。与自然语言中的命令语气表示命令的方式一样，命令式程序由计算机执行的命令组成。命令式程序设计侧重于描述程序如何操作。它侧重于程序应该完成什么，而不指定程序应该如何实现结果。许多命令式程序设计语言(如 FORTRAN、BASIC、C 等)都是汇编命令的抽象。

(2) 函数式(functional)：一种构建计算机程序结构和构件的样式。它将计算处理为对数学函数的赋值，避免改变状态。函数式程序设计主要在学术界使用，但 Common Lisp、Scheme、Clojure、Wolfram(也称为 Mathematica)、Racket、Erlang、Ocaml、Haskell、F#等也在被产业界的一些组织使用。一些特定领域的程序设计语言，如 R(statistics)、J、K、Q、XQuery/XSLT (XML)、Opal、SQL、Lex/Yacc 等也支持函数式程序设计范式。

(3) 声明式(declarative)：一种构建计算机程序结构和构件的样式。它表达的是不描述控制流的计算逻辑，侧重于程序达成什么结果，不指定该结果如何实现。当前常见的声明式程序设计语言包括数据库查询语言(如 SQL、Xquery 等)、正则表达式、逻辑式程序设计、函数式程序设计，以及配置管理系统等。

(4) 面向对象式(object-oriented)：基于"对象"这个概念，把状态和修改状态的代码组织在一起。许多使用最广泛的程序设计语言，如 C、Object Pascal、Java、Python 等，都是多范式的程序设计语言。它们在一定程度上支持面向对象式、命令式、过程式等程序设计。当前的主流面向对象的语言包括 Java、C++、C #、Python、PHP、Ruby、Perl、Object Pascal、Objective-C、Dart、Swift、Scala、Common Lisp 和 Smalltalk 等。

(5) 过程式(procedural)：源于结构化程序设计，基于过程调用的概念，把代码组织成功能模块(functions)。过程，也称为例程(routine)、子例程(subroutine)或函数(function，不要与数学中的函数混淆，但类似于函数式程序设计中使用的函数)，只是包含一系列要执行的计算步骤。首批主要的过程式程序设计语言大约于 20 世纪 60 年代出现，包括 FORTRAN、Algol、COBOL 和 BASIC。Pascal 和 C 发布于 1970 左右，Ada 发布于 1980。Go 发布于 2009 年，是一个更为现代化的过程式语言。

(6) 逻辑式(logic)，这是一种主要基于形式逻辑的程序设计范式，有特定语法风格的执行模型。任何用逻辑式程序设计语言编写的程序都是一组表达关于某个问题域的事实和规则的逻辑形式句子。逻辑式程序设计语言主要包括 Prolog、ASP(Answer Set Programming)、Datalog 等。

(7) 符号式(symbolic)：在这种程序设计范式中，程序可以把自己的公式和程序组件当作普通数据一样进行操作。把较小的逻辑单元或功能模块组合起来可以构建更为复杂的过程。这样的程序可以有效地修改自己，表现出一定的"学习"能力。因此，这种范式适合开发人工智能、专家系统、自然语言处理和计算机游戏这样的应用程序。支持符号式程序设计的语言有 Wolfram、LISP、Prolog 等。

4.1.3 语言之争

孔子东游，见两小儿辩斗，问其故。一儿曰："我以日始出时去人近，而日中时远也。"一儿以日初出远，而日中时近也。一儿曰："日初出大如车盖，及日中则如盘盂，此不为远

者小而近者大乎？"一儿曰："日初出沧沧凉凉，及其日中如探汤，此不为近者热而远者凉乎？"孔子不能决也。两小儿笑曰："孰为汝多知乎？"

——摘自《列子·汤问》

中国人说汉语好，英国人说英语好，法国人说法语好。撇开使用语言的主体和对象辩语言之优劣，如两小儿辩日，汝今能决否？

语言的目的在于沟通。沟通是否流畅，与参与沟通者有关，也与大家要一起解决的问题(域)密切相关。

学习一种语言相对来说比较容易，要精通却非常困难。即使你精通了某种语言，遇到不懂这种语言的人，你也只能"对牛弹琴"。就算你要沟通的对象也懂你精通的语言，他不了解你要谈及的相关应用领域知识，你也同样束手无策。

但我们还是要学习语言。如果你想追求别人，又不知道该追的人是哪个国家、哪个民族的，而你只想不计结果地让别人知道你爱他/她，你可以在短期内学会几十种语言中表达"我爱你"的语式。但真要达成目的，就得深入了解对方是哪个国家、哪个民族的，再去学习(假设你还不会)那个国家、那个民族的语言，包括文化、习俗等。

现在，你已经进入计算机科学的王国。在这个国度里，作为程序员，面对的是一台台无知无识的计算机(这是一个人类"统治"机器的时代)。你的任务是让计算机具有一定的能力，然后让机器为人类服务。为此，当然得学习这个国度的语言，也就是俗称的程序设计语言。随着计算机从原始向现代进化，人类与机器沟通的语言也在发展变化，目前已经发展到了第五代(5GL)语言。那么该学习哪些语言以及怎样学习这种与机器打交道的语言呢？

以史为鉴，可以知兴衰。我们来看看程序设计语言的发展历史。

"轻兵器"时代：最早的命令式程序设计语言是计算机的机器语言。20 世纪 40 年代，计算机科学家用手动开关的方式指示机器干活(为与后来出现的其他语言区别开来，人们把这种纯粹的机器语言称为第一代语言，简称 1GL)。用机器语言编写的程序是以十进制或二进制形式从穿孔卡片、磁带或计算机面板上的切换开关来读取的。在 1GL 语言中，指令非常简单，易于硬件的实现，但难以用于建造复杂的程序。下一代语言(2GL)是汇编语言，仍然与具体的计算机指令集体系结构密切相关。但编写的程序趋于人性化，使得因烦琐的地址计算而出错的可能性减少。这是两种与机器距离最近的程序设计，人们一般把 1GL 和 2GL 统称为低级语言。可以把这种低级语言比作短兵器，轻便灵活，适合底层应用。虽说"一寸短，一寸险"，低级语言不便于学习，但掌握低级语言对深入研究计算机内部运行机理、调试系统和改进程序关键代码都有很大的帮助作用。

"重兵器"时代：3GL 语言是于 20 世纪 50 年代出现的高级程序设计语言。1954 年，IBM 的 John Backus 开发了 FORTRAN 语言，第一个解决了用机器代码建造复杂程序存在的问题。FORTRAN 是一种编译语言。它允许命名变量、复杂表达式、子程序，以及许多现在在命令式语言中常见的特征。这以后的 20 年里，人们又开发了许多其他主流命令式高级程序设计语言。20 世纪 50 年代末至 60 年代，为了更容易表达数学算法，开发了 ALGOL 语言。有的计算机甚至将 ALGOL 作为操作系统的目标语言。随着 ALGOL 58 和 ALGOL 60 语言的发布，出现了结构化程序设计范式，其目的是通过使用子程序、块结构、for 和 while 循环改进计算机程序的清晰度、质量和开发时间，避免使用导致代码结构混乱的诸如 go to

这样的跳转语句而使得程序难以维护。它的普及和被广泛接受，首先得益于学术界以及后来从业人员的推波助澜，包括于 1966 年发现的现在已广为人知的结构化程序设计定理和缔造了"结构化程序设计"术语的荷兰计算机科学家 Edsger W. Dijkstra 于 1968 年在一封公开信中提及的"go to 语句有害论"。1966 年出现的 MUMPS 将命令式范式带到一个逻辑上的极端。它没有任何语句，完全依赖于命令，甚至让 IF 和 ELSE 命令相互独立，而仅用内部变量$TEST 连接。1960 年的 COBOL 和 1964 年的 BASIC 都想让程序设计语法看起来更像英语。20 世纪 70 年代，Niklaus Wirth 开发了 Pascal 语言，Dennis Ritchie 在贝尔实验室工作时创建了 C 语言。后来，Wirth 相继设计了 Modula-2 和 Oberon。1978 年，基于美国国防部的需求，Jean Ichbiah 和在 Honeywell 的一个小组开始设计 Ada，并于 1983 首次发布了相应规范。20 世纪 80 年代，面向对象程序设计迅速兴起。这些语言依然保持着命令式风格，但增加了支持对象的功能。20 世纪的最后 20 年，人们开发出了许多这样的语言。1980 年，PARC(Xerox Palo Alto Research Center)发布了原先由 Alan Kay 在 1969 设计的 Smalltalk-80。于 20 世纪 60 年代开发的 Simula 被认为是世界上第一个面向对象的程序设计语言。Bjarne Stroustrup 汲取 Simula 的概念，设计了一种基于 C 语言的面向对象的语言，这就是 C++。C++的设计始于 1979 年，其首个实现完成于 1983 年。20 世纪 80 年代末至 90 年代，实现了面向对象概念的命令式语言主要有 Larry Wall 于 1987 年发布的 Perl、Guido van Rossum 于 1990 年发布的 Python、Microsoft 分别于 1991 年和 1993 年发布的 Visual Basic 和 Visual C++(包括 MFC 2.0)、Rasmus Lerdorf 于 1994 年发布的 PHP、Sun Microsystems 于 1994 年发布的 Java，以及 Yukihiro Matsumoto 于 1995 年发布的 Ruby。高级语言就像长兵器，"一寸长，一寸强"，虽难免滞重，但威力奇大，适合高端应用开发。

从机器语言、汇编语言到高级语言的演变，好比从徒步、骑车到乘车的变革，主要目的是减轻程序员的负担，越来越省时、省力、省心。但随着软件规模越来越大，高级语言的学习并不比早期程序员学习低级语言轻松。在选择语言工具解决问题时，要特别注意以下两点。

(1) 编制程序的规模。早期人们"奴役"的是单机(主机计算时代)，编制的程序一般较小，程序员的注意力主要在机器上，通常是"单兵"作战，宜用短而轻的兵器(这里指机器语言、汇编语言)。这个时代的程序员多功力高超，喜欢单打独斗。当然，人类的欲望是无止境的，现在动辄要求"大数据"服务，人们"奴役"的是群机(网络分布计算时代)，编制的程序一般都比较大，程序员不仅要关注机器(与计算机沟通)，而且要关注合作者(与人沟通)，通常是"大兵团"作战，宜用长而重的兵器(这里指高级程序设计语言，程序员之间也可以用程序设计语言交流)。这个时代的程序员必须一切行动听指挥，规范行事，协同作战。

(2) 解决问题的类别。不同的问题，使用不同的思维模式或解决方案会有不同的效率，这与程序设计语言支持的范式有关。例如，20 世纪 60、70 年代出现的语言，因支持的范式不同，适合解决问题的场合也不同。APL 引入阵列式(array)程序设计且影响函数式程序设计；ALGOL 细化结构化过程式程序设计和语言规格化原理；Lisp 是首个动态类型的函数式程序设计语言；Simula 是首个支持面向对象程序设计的语言；Smalltalk 是首个纯面向对象语言；C 是系统(system)程序设计语言；Prolog 是首个逻辑程序设计语言；ML 建立了多态类型系统，是首创静态类型的函数式程序设计语言。20 世纪 80 年代，C++将面向对象与系统程序设计结合起来；美国政府标准化了源于 Pascal 的系统程序设计语言；在日本以及其他地方，大力研究结合了逻辑程序设计构造的 5GL 语言。20 世纪 90 年代，Perl 多用于动态网站程序设计；Java 用于服务器端编程。Microsoft 于 2002 年发布了.NET 框架 (Framework)，主要目标语言是运行在该平台上的 VB.NET 和 C#，以及函数式语言 F#。各种语言支持范式不同，适合应用的场合也各异。例如，C、C++、Java、C#等语言各有特点和难点，如内存管理、系统资源利用、输入、输出等，应注意比较实现一种算法的过程中各语言的设计步骤和注意点。针对不同的任务，应该选用不同的语言实现，所以应加深了解各类程序设计语言的应用场合。例如，即使难以掌握的汇编语言，在嵌入式系统的操作系统、编译器、驱动程序、无线通信、DSP、PDA、GPS，对资源、性能、速度和效率要求极高的程序，以及信息安全、软件维护与破解等为目的的逆向工程等，依然有用武之地；被人们称为系统程序设计语言的兼具高级语言和低级语言特征的 C 语言，更是在中小型项目应用中保持着优势；重目标轻过程、重描述轻实现的 4GL、5GL 语言更是有其自身应用的特定场合。

对于刚进入计算机王国的我们，了解的计算机语言并不多。由于时间关系，也不可能学习太多的语言。因为初学者并不知道将来要解决的问题是什么，所以在入门语言的选择上比较犹豫。十八般武艺很难样样精通，不过武器虽多，道理相通。《天龙八部》中扫地僧说，"少林七十二项绝技，均分'体'、'用'两道，'体'为内力本体，'用'为运用法门"。学习程序设计语言的目的是锻炼自己的程序设计能力，即内力本体。这是需要日积月累才能练就的。而运用法门只有在实践中应用才能有所体会。所以，建议不管学习哪种语言，都应该以一种一以贯之的精神勤加练习，才能"体""用"俱进。

当然，语言越低级距离计算机越近，越高级距离人类越近。程序员既要与机器打交道，又要和人沟通，选择一种介于两者之间的语言进行学习可一举两得。自从 C 语言出现以来，几乎所有主流的操作系统和高级程序设计语言都是用 C 语言实现的。C 语言是迄今最具影响力的系统程序设计语言。它兼具高级语言和低级语言的特征，简洁灵活而又高效强大，程序员既可以利用其高级特性专注业务逻辑，也可以利用其指针、位操作等低级特性操控底层。学习 C 语言，往底层研究，可以学习汇编语言；向高端发展，可以很快掌握占据主流语言半壁江山的 C 系列语言，如 C++、Java、C#、Objective C 等。有人说，用汇编语言写的程序像甲骨文，用 Pascal 语言写的程序像散文，用 C 语言写的程序就像诗词。C 语言更像一柄剑，轻灵快捷、锐利飘逸。学习 C 语言，无异于腰悬宝剑，不时练习，功力自增。C 语言适合中小型或底层应用，勤加练习，精通了 C 语言，学习其他语言必定事半功倍。

4.2 程序设计范式的应用

家乡有座山，山里有个庙，庙里有个水池。水池为圆形。现在要绕水池加修一环形过道，过道宽 2 米，在其上铺设混凝土，混凝土单价是 10 元/平方米；绕过道加修一圈栅栏，栅栏的单价是 30 元/米。请计算修过道和栅栏的成本。

为把注意力集中在范式的比较和理解上，本节尽可能简化需求。

计算需求.mp4

4.2.1　无范式方案

无范式方案.mp4

开始思考：

表示半径、面积、周长、成本。

输入半径。

计算环形过道的面积。

计算栅栏的长度。

计算成本。

输出结果。

结束思考。

将上面的思路用 C#语言翻译出来，代码如下：

```csharp
static void Main(string[] args)
{
const double WIDTH = 2.00;                              //过道宽度
    const double FENCE = 30.00;                         //栅栏单价
    const double CONCRETE = 10.00;                      //过道单价
    double radius, area, perimeter, cost;              //表示半径、面积、周长、成本

    Console.Write("请输入半径：");
    radius = double.Parse(Console.ReadLine());

//计算环形过道的面积
    area = Math.PI * ((radius + WIDTH) * (radius + WIDTH) - radius * radius);
//计算栅栏的长度
    perimeter = 2 * Math.PI * (radius + WIDTH);
//计算成本
    cost = area * CONCRETE + perimeter * FENCE;

//输出结果
    Console.WriteLine("预算是{0:C2}", cost);
}
```

显然，这段代码简洁易懂。不过，用这种方式编写程序，随着问题复杂度的增加，程序代码会越来越"臃肿"，阅读程序也会越来越困难，不便于维护。

4.2.2　过程范式方案

过程范式方案.mp4

过程式范式的核心是把代码组织成功能模块以便于调用，实现功能模块的重用，在一定程度上解决上面代码的"臃肿"问题。

用过程式范式解决问题的思路是：进行功能分解，把计算面积、计算周长独立出来形成两个"过程"，在计算成本时直接调用即可。功能分解如图 4-1 所示。

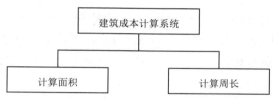

图 4-1　功能分解

由于各功能模块简单易懂，略去算法描述部分。

这种解法对应的 C#语言程序代码如下：

```
//计算面积功能模块
static double ComputeArea(double r)
{
    double area;
    area = Math.PI * r * r;
    return area;
}
//计算周长功能模块
static double ComputePerimeter(double r)
{
    double perimeter;
    perimeter = 2 * Math.PI * r;
    return perimeter;
}
```

```
//建筑成本计算系统主控功能模块
static void Main(string[] args)
{
    const double WIDTH = 2.00;
    const double FENCE = 30.00;
    const double CONCRETE = 10.00;
    double radius, area, perimeter, cost;

    Console.Write("请输入半径：");
    radius = double.Parse(Console.ReadLine());

    area = ComputeArea(radius + WIDTH)
          - ComputeArea(radius);
    perimeter = ComputePerimeter(radius + WIDTH);
    cost = area * CONCRETE + perimeter * FENCE;

    Console.WriteLine("预算是{0:C2}", cost);
}
```

比较上述两种解决问题的代码，可以看出，除了独立出来的两个功能模块外，在主控功能模块中，业务计算代码如下：

```
area = Math.PI * ((radius + WIDTH) * (radius + WIDTH) - radius * radius);
perimeter = 2 * Math.PI * (radius + WIDTH);
```

换成了功能模块调用：

```
area = ComputeArea(radius + WIDTH) - ComputeArea(radius);
    perimeter = ComputePerimeter(radius + WIDTH);
```

这种范式的好处是：每个功能模块可以控制在一定的复杂度内，使得功能模块中的代码便于维护。功能模块之间相互独立，互不影响，也将使得系统更为稳定。

存在问题是：如果问题比较复杂，功能划分也相应复杂。随着划分层次的增多，功能模块之间的调用也会越来越复杂。

4.2.3　面向对象范式方案

面向对象范式的核心是把状态和修改状态的代码组织在一起。从方法论的角度来看，用"对象导向"术语更能反映这一范式的本质，即"找"对象。在这个问题中，可以把圆形水池抽象成"圆"类，如图 4-2 所示。圆类对应的 C#代码如下：

面向对象范式
方案.mp4

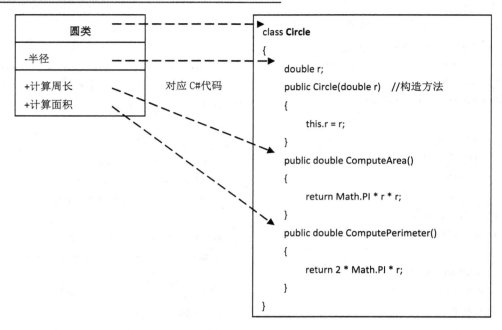

图 4-2　圆类

在主控程序(另一个类)中，可以把这个 Circle 当成一个数据类型，用它来创建变量(对象)，再调用其方法来解决问题。对应的 C#程序代码如下：

```
class Program
{
    static void Main(string[] args)
    {
        const double WIDTH = 2.00;
        const double FENCE = 30.00;
        const double CONCRETE = 10.00;
        double radius, area, perimeter, cost;

        Console.Write("请输入半径： ");
        radius = double.Parse(Console.ReadLine());

        Circle small = new Circle(radius);                  //创建水池对象
        Circle big = new Circle(radius + WIDTH);            //创建栅栏对象
        area = big.ComputeArea() - small.ComputeArea();     //计算过道面积
        perimeter = big.ComputePerimeter();                 //获取栅栏长度
        cost = area * CONCRETE + perimeter * FENCE;

        Console.WriteLine("预算是{0:C2}", cost);
    }
}
```

这种解决问题的方式比较符合人类的思想习惯。可以把 small 和 big 两个对象看作两个人，他们都有自己的半径数据(状态)，正如具体的人有自己的身高一样。可以"询问"他们以获得其面积和周长数据。这个"询问"行为也就是"调用"其方法(即过程式范式中的过程或函数)。这对于解决较为复杂的问题提供了方便。

存在问题是：从未来的角度看，如果需求稍微有些变化，这样的代码不便于扩展。例如，如果水池不是圆形的，可能是正方形、矩形，也可能是不规则形(需要计算微积分)，如何扩展这个成本计算系统的功能呢？

上述代码把 Main 所在的类看成客户端(需要其他类提供的计算服务)，把 Circle 这样的类看成服务器端(提供计算面积和周长服务)。显然，双方的独立性越强，系统的可扩展性和稳定性越好。

客户端的程序代码如图 4-3 所示。

Console.Write("请输入半径："); radius = double.Parse(Console.ReadLine());	用户接口：输入

Circle small = new Circle(radius);
 Circle big = new Circle(radius + WIDTH);
 area = big.ComputeArea() - small.ComputeArea();
 perimeter = big.ComputePerimeter();
 cost = area * CONCRETE + perimeter * FENCE;
	业务逻辑接口：计算

Console.WriteLine("预算是{0:C2}", cost);	用户接口：输出

图 4-3　客户端代码框架

从前面的代码演变过程可以看出，用户接口部分一般没有什么变化，只有业务逻辑计算部分在变。如果保持服务器端(Circle 类)的类名和方法名不变，即使方法的实现发生了变化，客户端的业务逻辑接口部分也不会变化。反过来说，客户端的用户接口部分从控制台输入输出(字符界面)变换到 Windows 窗体输入输出(图形界面)，也并不会影响到服务器端。换句话说，面向对象机制在一定程度上保证了双方的独立性。

但是，如果服务器端要改变功能，例如，水池要求是正方形的，类名用 Circle 显然不合适，得换成 Square。显然，客户端创建 Circle 对象的语句就要改变，影响到了客户端。用接口机制或抽象类可以在一定程度上减小这种影响，且系统的扩展性可以得到增强。

4.2.4　面向接口进行程序设计

面向接口进行
程序设计.mp4

Program to an interface, not an implementation.

——摘自 Erich Gamma、Richard Helm、Ralph Johnson 和 John Vlissides
的 *Design Patterns: Elements of Reusable Object-Oriented Software*

面向接口而不是模型实现进行程序设计，指的是在声明一个变量时，声明为接口而不是具体的类实例。这样做的好处是，对象只要具有客户端所希望的接口，客户端即使不知道该对象的具体类型也可以使用它。还是以水池的建造成本计算为例，不考虑水池的具体形状和如何实现，先设计一个"形状"接口，将"形状"名称及方法名称固定下来。即使服务器端没有实现任何功能，客户端照样可以设计和实现(包括测试)。

接口对应的 C#代码如下：

```
interface IShape
{
    double ComputeArea();
    double ComputePerimeter();
}
```

有此接口，圆形、正方形、矩形等都可以实现这个接口。例如：

```
class Circle : IShape      //圆类实现 IShape 接口
{
    //圆类的实现同上(代码中未改变部分不再列出，只列出改变部分)
}
```

客户端只要把以下两行中声明的 Circle 类改为 Ishape 即可：

```
Circle small = new Circle(radius);
Circle big = new Circle(radius + WIDTH);
```
→
```
IShape small = new Circle(radius);
IShape big = new Circle(radius + WIDTH);
```

这就是面向接口进行程序设计，即把 small、big 等变量声明为接口 IShape 而不是具体的类 Circle。假如以后要实现的正方形水池，可以像如下这样设计：

```
class Square : IShape    //正方形类同样实现 IShape 接口
{
    double s;                   //边长
    public Square(double s)      //正方形的构造方法
    {
        this.s = s;
    }
    public double ComputeArea()   //计算面积
    {
        return s * s;
    }
    public double ComputePerimeter()    //计算周长
    {
        return 4 * s;
    }
}
```

在客户端，small、big 的声明依然是 IShape，但是赋值号右边的 Circle 要变成 Square，WIDTH 要乘以 2，如下：

```
IShape small = new Circle(radius);
IShape big = new Circle(radius + WIDTH);
```
→
```
IShape small = new Square (radius);
IShape big = new Square (radius + WIDTH*2);
```

当然，如果把 radius 换成一个较为通用的变量名(既可代表半径，也可代表边长)，改动量就更小了。如果学习了设计模式，可以用工厂模式为客户端创建对象，客户端就不会再涉及这些具体的类名，才算真正从服务器端独立出来了。

4.3　组件导向式程序设计

用一台电视机(以下简称 TV)和一台录像机(以下简称 VCR)组成一个家庭影院系统(Home Theatre，简称 HT)。要求如下。

组件导向式
程序设计.mp4

(1)　品牌无关：TV 和 VCR 可以有各自的品牌。

(2)　接口一致：TV 和 VCR 可以通过接口互联。

(3)　相互独立：一台设备故障(可现场维修)不影响另一台设备的使用，一台设备升级(可现场替换)后依然可以和另一台设备组成 HT。

(4)　VCR 功能：提供不大于 100 的随机数据。

(5)　TV 功能：HT 开机后，不停地从 VCR 获取数据信号并显示出来。一旦取得的数据为 100，就停止取数，关闭 HT。

4.3.1　过程式方案

过程式解决方案对应的 C#代码如下：

```
class Program
{
//以下代码模拟 VCR 端，提供数据信号，相当于服务器端
    static Random rdm = new Random();        //创建随机数生成器
    static public long GetSignalValue()      //信号发生器，提供信号
    {
        long val = rdm.Next(101);            //不超过 100 的随机数
        return val;
    }
//以下代码模拟 TV 端，从 VCR 获取数据显示，相当于客户端
    static void Main(string[] args)
    {
        long val = 0;
        while (val != 100)                   //获取的数据为 100 时停止
        {
            val = GetSignalValue();          //从 VCR 取数据
            Console.WriteLine("Signal:" + val);    //显示获得的数据
        }
    }
}
```

因为模拟 VCR 和 TV 的代码在一个文件里，一旦修改某部分代码，所有代码都要重新编译和链接，重新发布。也就是说，两者是一体机，没有实现各自独立的要求。

4.3.2　面向对象式方案

面向对象式解决方案对应的 C#代码如下：

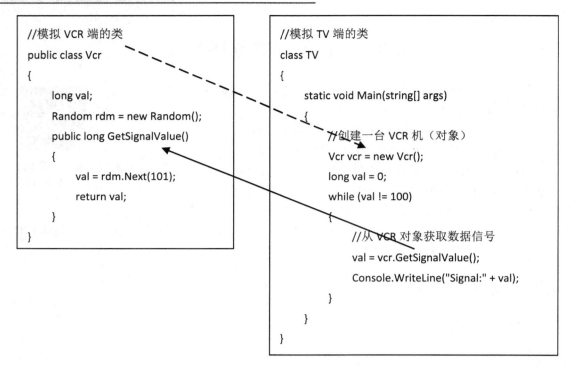

```
//模拟 VCR 端的类                          //模拟 TV 端的类
public class Vcr                          class TV
{                                         {
    long val;                                 static void Main(string[] args)
    Random rdm = new Random();                {
    public long GetSignalValue()                  //创建一台 VCR 机（对象）
    {                                             Vcr vcr = new Vcr();
        val = rdm.Next(101);                      long val = 0;
        return val;                               while (val != 100)
    }                                             {
}                                                     //从 VCR 对象获取数据信号
                                                      val = vcr.GetSignalValue();
                                                      Console.WriteLine("Signal:" + val);
                                                  }
                                              }
                                          }
```

相对于过程式解决方案，VCR 和 TV 端代码更加清晰和独立。由于是在一个工程文件里，一旦修改某端代码，所有代码也都得重新编译和链接，重新发布。也就是说，两者依然是一体机，没有实现各自独立的要求。

4.3.3 组件导向式方案

组件导向式解决方案对应的 C#代码与第 4.3.2 节一样，但可以真正实现应用程序的分离。也就是说，模拟 VCR 端和 TV 端的代码应各自作为一个独立的工程分别编译和链接，形成独立的模块文件。这相当于现实生活中的 TV 厂商、VCR 厂商相互独立生产，只要接口一致，各厂家生产的设备可相互连接组成家庭影院系统。

解决方法如下。

1. 独立生产 VCR 产品

执行"文件"→"新建"→"项目"命令，如图 4-4 所示。

图 4-4 新建项目

在"新建项目"对话框中选择"类库"项目，如图 4-5 所示。

项目命名为 VCR，单击"确定"按钮，系统自动生成如图 4-6 所示的代码。

可以看到，这段自动生成的代码中没有 Main 方法。

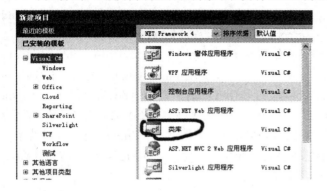

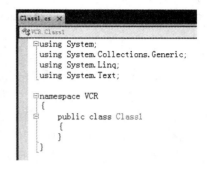

图 4-5　类库项目　　　　　　　　　　图 4-6　类库项目自动生成的代码框架

将解决方案资源管理器下的 Class1.cs 文件更名为 VCR.cs。

用第 4.3.2 节模拟 VCR 的类代码替换图 4-6 中的类代码。

生成解决方案，就可以在相关目录中找到系统生成的名为 VCR.dll 的动态链接库文件，这就是 VCR 组件(产品)。它可与其他 dll 文件和 exe 可执行文件一起组合成一个完整的软件系统。

2. 独立生产 TV 产品

新建一个"控制台应用程序"或"Windows 窗体应用程序"项目(这里以"控制台应用程序"为例)，用第 4.3.2 节模拟 TV 的类代码替换系统自动生成的类代码。

引用 VCR.dll 文件(在上面的类库项目资源文件的 debug 目录中)。

生成解决方案，就可以在相关目录找到系统生成的名为 TV.exe 的可执行文件。这就是 TV 组件。

3. 将 TV 和 VCR 产品集成为 HT

把 VCR.dll 文件和 TV.exe 文件复制在一个目录下，这就是一个新的家庭影院系统。

运行 TV.exe，可以在 TV 屏幕上看到从 VCR 获取的随机数。

VCR.dll 和 TV.exe 是相互独立的。只要双方商定的接口不变，各自可以独立修改(维护和升级等)，单独编译、链接、发布，不影响另一方。可以像搭积木那样，用维护或升级后的新组件"现场替换"原先的旧组件，组成性能更稳定或功能更强大的家庭影院系统。这就是组件导向式程序设计的好处。

4.4　反　射　机　制*

4.4.1　反射探源

在程序设计领域，反射这个词源于 reflection：

Reflection provides objects (of type Type) that describe assemblies, modules and types. You can use reflection to dynamically create an instance of a type, bind the type to an existing object, or get the type from an existing object and invoke its methods or access its fields and properties. If you are using attributes in your code, reflection enables you to access them.

——摘自 https://docs.microsoft.com/en-us/dotnet/csharp/
programming-guide/concepts/reflection

Reflection 提供了描述程序集(assembly)、模块(module)和类型(type)的对象(属于 Type 类型)。可以使用它动态创建一个类型的实例(instance)，将该类型绑定(bind)到一个已经存在的对象上，或者从一个已经存在的对象获得其类型并调用其方法(method)、访问其字段(field)和属性(property)。如果在代码中使用特性(attribute)，也可以用 reflection 访问它们。

从字典来看，与程序设计相关的含义有如下几种。

(1) A reflection is an image that you can see in a mirror or in glass or water. 这里指的是影像(image)，如镜中花、水中月等，通常译为"映像"或"倒影"等。

(2) Reflection is the process by which light and heat are sent back from a surface and do not pass through it. 这里指的是过程(process)，一个把光和热穿透不过某表面并被发送回来的过程，通常译为"反射"。

(3) If you say that something is a reflection of a particular person's attitude or of a situation, you mean that it is caused by that attitude or situation and therefore reveals something about it. 这里的重点是揭示(reveal)，即揭示因某人的态度(attitude)或某个情境(situation)而引起的某些事情的情况，通常译为"反映""表现""显示"或"体现"。

那么，Reflection 到底是一种什么功能，下面用一个例子来说明其具体的应用。请从这个例子去领会其含义，再回过头来琢磨，也许可以找到更合适的中文译法。

4.4.2 组件探秘

如果想使用一个组件(dll 文件)，但又没有该组件的任何资料，一般情况下会一筹莫展。有了 Reflection 机制，就可以了解到一个未知组件里有哪些类(类型)、类有什么方法、方法带有什么参数。获得这些信息后，就可以有效地使用组件了。

组件探秘.mp4

以第 4.3.3 节的 VCR.dll 组件为例，假设没有 VCR 的源代码，也没有该组件的使用说明文档，如何获取其内部信息呢？

利用 Reflection(要用 using System.Reflection 加以引用)的 Assembly 对象可以获取组件的内部信息，例如：

```
Assembly asm = Assembly.LoadFile(@"D:\VCR.dll");    //载入相应组件
Type[] types = asm.GetTypes();                      //获取类型数据
foreach (Type t in types)
{
    Console.WriteLine("类型：" + t.Name);            //输出类型名
    MethodInfo[] methods = t.GetMethods();          //获取该类型的方法
    foreach (MethodInfo m in methods)
    {
```

```
Console.WriteLine("——方法: " + m.Name);              //输出方法
ParameterInfo[] patameters = m.GetParameters();       //获取方法参数
foreach (ParameterInfo p in patameters)               //输出参数的名称及其数据类型
{
    Console.WriteLine("参数名: "+ p.Name + ",参数类型: "+ p.ParameterType);
}
    }
}
```

该程序的运行结果如图 4-7 所示。

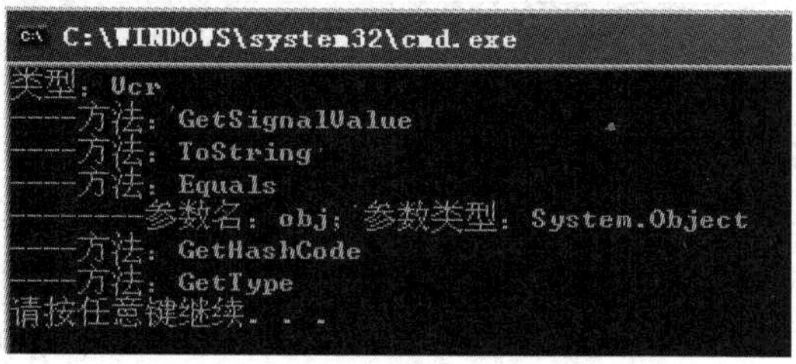

图 4-7　VCR 组件内部信息

从图 4-7 中可以看出，VCR.dll 中有一个类型，即 Vcr。Vcr 有 5 个方法。其中 GetSignalValue 就是我们自己编写的方法且不带任何参数，其他几个方法是继承而来的通用方法。

下面是使用 VCR.dll 组件的代码：

```
Assembly asm = Assembly.LoadFile(@"D:\VCR.dll");    //载入相应组件
Type type = asm.GetType("VCR.Vcr");                 //获取 Vcr 类型
object obj = asm.CreateInstance("VCR.Vcr");         //创建 Vcr 对象
//调用 GetSignalValue 方法，注意 Invoke 的参数 obj 是上面创建的 Vcr 对象
long val = (long)type.GetMethod("GetSignalValue").Invoke(obj, null);
Console.WriteLine(val);
```

4.5　装箱和拆箱*

4.5.1　计算机内存布局

一般来说，计算机内存被划分为系统服务区和应用程序区。其中，系统服务区被分配给设备驱动程序、操作系统等系统软件使用，为应用软件提供服务；应用程序区被分配给应用软件使用。每个区又被分为代码区和数据区。其中，代码区用于存放机器代码，数据区用于存放原始数据、计算结果等。数据区进一步被细分为栈(stack)区和堆(heap)区。前者用于量少但使用频繁的数据，基于先进后出的方式管理内存资源的分配和回收；后者用于量大或不常使用的数据，分配使用后不需要关注内存资源的回收问题，有专门的内存回收机制(相当于一位教师申请一间教室授课，下课后直接走人，不用打扫教室)。

基于.NET 框架的计算机内存布局大致如图 4-8 所示。

值类型和引用类型的根本区别是：值类型在栈(stack)上分配内存空间，而引用类型在

堆(heap)上分配内存空间。

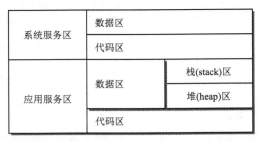

图 4-8　计算机内存布局

值类型一般是小而常用的类型，在 CLR 上运行时需要的资源少。值类型不是在堆上分配内存，不需要启动内存回收机制。一般来说，值类型(或从它派生的类型)的内存空间在 16 字节以内。如果使用的值类型比较大，尽量不要在各程序模块间传递。

引用类型的管理方法与此不同。每个引用类型由一个指针(pointer，堆区对象的地址)和对象本身(object，堆区对象)组成，如图 4-9 所示。

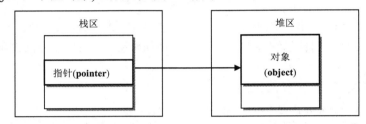

图 4-9　引用类型的构成

由于需要 CLR 对引用类型进行跟踪，其管理稍显麻烦。但相对于值类型传递需要复制值来说，只传递地址能获得灵活性和速度，这点代价还是值得的。

在使用构造方法初始化引用类型的对象时，CLR 需要执行以下步骤。

(1)　CLR 计算将对象保存在堆区所需要的内存空间大小。

(2)　CLR 将数据插入刚创建的内存空间中。

(3)　CLR 标记这个内存空间的结束位置，以便下一个对象可以被放在那里。

(4)　CLR 返回刚创建的内存空间的引用。

这是创建一个对象要做的事情。由于内存空间不是无限的，需要对已分配空间进行维护。CLR 提供了内存垃圾回收器(garbage collector)来跟踪管理这些空间。

4.5.2　值类型与引用类型之间的转换

特定的引用类型与它们对应的值类型之间可以互相转换。

把值类型转换为引用类型，称为装箱(boxing)。

把引用类型转换为值类型，称为拆箱(unboxing)或投射(casting)。

例如：

object a = 72;　// a 是引用类型

```
int b = (int) a;      //转换为值类型
```

但是，装箱和拆箱都不是类型安全(type-safe)的。例如，如果程序员把类型搞混了，编译器不一定能发现错误：

```
object a = "72";
int b= (int) a;
```

编译时不会报错，但运行到这里会显示"System.InvalidCastException"异常。因为系统无法把一个引用类型的字符串(在堆区)转换为值类型的整数(在栈区)。

所以，要特别注意值类型与引用类型之间转换的类型安全问题。

当然，在使用值类型时，还要注意以下问题。

(1) 在传递值类型时，是把它复制到接收方。接收方的修改不会影响到发送方。

(2) 值类型不需要调用构造器(constructor)，它们会被自动初始化。

(3) 值类型不会被赋 null 值，但可以使用 Nullable 类型。

(4) 值类型有时需要装箱(boxed，即包装成一个对象)，这时要像使用一个对象那样使用它的值。

习　题　4

1. 用抽象类来代替第 4.2.4 节源代码服务器端的接口，需要改变哪些地方？请用抽象类实现，对比两者的异同。

2. 第 4.2.4 节客户端的改变量还能不能进一步减小？例如 Circle、Square 等构造方法在客户端都不出现，是否可行？如果水池的形状不规则，需要用微积分计算面积和周长，该怎么实现？

3. 请用组件导向式方法实现第 4.2 节中修建水池过道的成本计算软件。

第 5 章　实用化程序设计

5.1　程序设计环境

　　程序设计的终极目的是解决现实生活中的问题，涉及处理什么数据以及如何处理的问题。从程序设计语言的角度来看，处理什么数据涉及数据的表示问题，如何处理数据涉及数据的加工问题。前者要熟悉语言内置的数据类型，后者要掌握语言支持的操作运算符和程序流程控制语句。同类型或同系列的语言在这两方面都很类似。作为 C 系列语言，C++、Java、C#在第 2～4 章的内容基本一致。第 2 章介绍了最基本的数据结构和算法的设计，程序的基本工具是变量和过程，强调功能重用，重用的粒度是过程模块。第 3 章在此基础上介绍了如何把相关的变量和过程组织成一个类，程序的基本工具是类，强调对象重用，重用的粒度更大。第 4 章则从方法学的角度分析比较了一些常见的程序设计范式，使得初学者快速具备针对不同问题使用合适方法学解决问题的意识。有了这些基础，就可以跨入实用化程序设计阶段。所谓实用化程序设计，就是指利用.NET 框架进行的程序设计。充分利用.NET 框架及其提供的类库，可大幅度提升程序设计的效率和软件产品的质量。

5.1.1　.NET 框架环境

　　.NET Framework is a common environment for building, deploying, and running Web Services, Web Applications, Windows Services and Windows Applications. The .NET Framework contains common class libraries - like ADO.NET, ASP.NET and Windows Forms - to provide advanced standard services that can be integrated into a variety of computer systems.

　　——摘自 https://en.wikibooks.org/wiki/C_Sharp_Programming/NET_Framework_overview

　　这段文字介绍回答了两个问题：.NET 框架可以用来做什么？它是一个可用于建立、部署和运行 Web 服务、Web 应用程序、Windows 服务和 Windows 应用程序的集成环境；.NET 框架包含什么？它包含提供高级标准化服务的公共类库(class libraries)，如 ADO.NET、ASP.NET、Windows Forms 等，可以集成到计算机系统中。

　　人们学会了英语语法，具备了用英语语言解决生活问题的方法，还得熟悉西方国家的文化、习俗等，才能在欧美这样的国家生活自如。同理，学习了 C#语言，只是具备了程序设计的基础，要解决实际问题，还得熟悉 C#语言的使用环境，这就是.NET 框架。.NET 框架环境结构如图 5-1 所示。

　　.NET 框架由 CLR 运行环境、程序设计工具和 FCL 类库构成。其中，CLR 是程序的运行环境；程序设计工具包括 Visual Studio IDE(Integrated Developed Environment，集成开发环境)、.NET 兼容的编译器、调试器，以及诸如 ASP.NET、WCF 等 Web 服务器端开发技术；FCL 是一个大型类库，供开发人员使用。

图 5-1 .NET 框架环境

作为软件开发人员，要了解 CLR 及其所提供的服务，能利用 IDE 工具进行编译和调试，更要熟悉 FCL 类库及其构成。也就是说，要学会利用 IDE 开发工具编辑、编译和调试用 C#这样的.NET 兼容语言编写的程序。这些.NET 应用程序由开发人员自己编写的业务类和 FCL 中现成的类构成，经过.NET 兼容编译器编译后在 CLR 上运行。CLR 再把编译后的程序代码编译为本地机的机器指令代码，在操作系统平台上运行。

充分利用 IDE 提供的辅助设计工具和类库，可以高效地开发应用程序。因此，要充分了解和利用好 IDE，包括编译器、调试工具等。

5.1.2 编译过程

在现实世界，难免与各种类型的人打交道。交朋结友，重要的是通过语言的交流和沟通互相了解，同时也离不开对文化习俗以及现场气氛等环境因素。与计算机打交道，同样需要语言和环境。其中，语言就是用于编写计算机程序的程序设计语言，环境则是指可以有效提升程序设计效率的类库、将编写的程序翻译成计算机能够理解的机器代码的编译系统、执行机器代码指令的运行平台等。

先看看我们编写的程序是如何被翻译成机器代码的。

语言的基础是一组记号和一组规则。根据规则由记号构成的记号串的总体就是语言。在程序设计语言中，这些记号串就是程序。

程序设计语言经过最初的机器代码到今天接近自然语言的表达，经过了几代的演变。一般认为机器语言是第一代，符号语言即汇编语言为第二代，面向过程语言为第三代，面向对象语言为第四代。语言的级别可根据它们与机器的密切程度进行划分：越接近机器的语言级别越低，越远离机器的语言级别越高。一般称机器语言为"低级语言"，汇编语言为"中级语言",面向过程或对象的语言为"高级语言"。

当然,计算机只能够执行机器语言表示的指令系统,所以必须将用高级语言编写的程序翻译为机器指令程序。用非机器语言编写的程序称为源程序,把翻译后的机器语言程序叫作目标程序。翻译程序根据功能的不同分为编译程序(Compiled Program 或 Compiler,也译为编译器)和解释程序(Interpreter,也译为解释器)。

解释器逐句翻译源程序代码,翻译一句执行一句,翻译过程中不生成可执行的机器代码文件。这与新闻发布会上的"同声翻译"是一个意思。解释器翻译存在的问题是,如果需要重新执行这个程序的话,还得重新翻译。因为解释程序每次翻译的语句少,所以对计算机的硬件环境如内部存储器要求不高。早期计算机的硬件资源较少,广泛使用的是解释系统。当然,因为是逐句翻译,两条语句执行之间需要等待翻译过程,因此程序运行速度较慢,一般也不提供程序分析和错误更正功能。解释系统有着特定的时代印记,在部分程序设计环境和专用系统中依然在用。

编译器将整个源程序翻译成目标程序,生成可执行的机器代码文件。这相当于把一本外文书刊翻译为中文出版,可以直接阅读中文版。翻译后的中文书刊除了能使你感受到翻译质量的好坏外,就与翻译这本书的人没什么关系了。有些高级编译器还可以生成其他类型的文件,如程序分析文件和错误信息文件。这些文件可帮助你更快地找出问题所在。各种高级语言的开发环境中一般都包含了相应的编译器。不过要注意,编译器通常只能够发现不合语法的语句和表达式,不能发现算法错误。前者属语言范畴,而后者属逻辑问题。解决逻辑问题是你的任务。编译器的工作流程如图 5-2 所示。

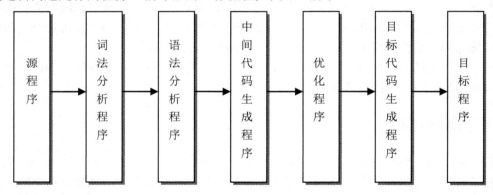

图 5-2　编译器的工作流程

编译器是一个非常复杂的程序系统,是一个信息加工流水线,加工的对象是源程序,最终出品是目标程序。在图 5-2 中,词法分析程序对字符串形式的源程序代码进行扫描、识别,又称扫描器;语法分析程序对单词进行分析,按语法规则分析出一个个语法单位,如表达式、语句等;中间代码生成程序将由语法分析获得的语法单位转换成某种中间代码;优化程序对中间代码进行优化,使生成的目标代码在运行速度、存储空间等方面有更高的质量;目标代码生成程序将优化后的中间代码转换为最终的目标程序。在这个过程中,编译系统会将程序中使用的他人的机器代码,例如.NET 框架中的类"打包"到程序中,这个过程称为链接。另外,编译器还用各种表格来记录必要的信息。

.NET 应用程序的编译过程如图 5-3 所示。

图 5-3　.NET 应用程序的编译过程

在图 5-3 中，源文件是用 C#、VB.NET 等.NET 兼容语言编写的文本文件，称为源程序文件或.NET 应用程序文件；程序集可以是可执行文件(executable)，也可以是动态链接库文件(DLL)，其代码不是本地机的机器指令，而是 CIL(Common Intermediate Language，公共中间语言)代码。

如果把英语看成公共中间语言，用中文写了一篇文章(源文件)，先由一个机构(编译器)译成一篇英语文章(程序集)。程序集可以在 CLR 上运行，由 CLR 再翻译为本地机的机器指令代码在本地机执行。这个过程相当于，用中间语言译成的英文文章到了德国(类似本地机)，就从英文译成德文给德国人看，到了法国则译成法文给法国人看。这个翻译工作由 CLR 的 JIT(just-in-time，即时)编译器完成，如图 5-4 所示。

图 5-4　程序集的编译过程

运行期间，CLR 检查程序集的安全特征，分配内存空间，发送程序集的可执行代码到 JIT 并编译为本地机器指令代码。这种代码可以在本地机运行。

在 Visual Studio NET 开发环境中，选择"生成"→"生成解决方案"菜单命令就能启动.NET 兼容的编译器，开始编译源程序并生成程序集。直接选择"调试"→"启动调试"菜单命令，或按 F5 键，或单击工具栏上的绿色小三角形按钮，那就是编译、JIT 编译、运行一次完成了。

5.1.3　FCL 类库

实用化程序涉及科学计算、文字编辑、图形图像以及视音频等多媒体数据的获取、传输、存储和处理等。.NET 框架为此提供了大量相关的类，并统一放在 FCL 类库里供软件开发人员使用。充分利用这些现成的类，能大幅度提升软件开发的效率。但是，正因为这个类库很庞大，要全面介绍这些类需要很大的篇幅，学习和掌握的难度也较大。只有掌握了正确的学习方法，才有可能在.NET 开发环境里如鱼得水。

学习大型软件开发工具，首先，在脑海里有一个未来产品的构成框架，对软件系统的划分有个清晰的映像，并对应到开发工具所提供的类群。其次，由于时间和精力有限，不可能也没必要全面掌握所有现成的类，可以只学习部分常见的类，熟悉类库的使用方法，找到使用类库的规律。第三，只要掌握了类库的使用方法，以后在进行软件开发时，可根据实际需要到类库查找需要的类，快速高效地解决实际问题。

从应用程序的角度来看，除了一些小巧而实用的工具软件和部分专用研究软件，目前大部分程序都是多层架构。一般来说，大中型应用软件至少包含用户交互、业务逻辑、数据存储这三个方面，分别称为表示层、业务层和数据层，如图 5-5 所示。

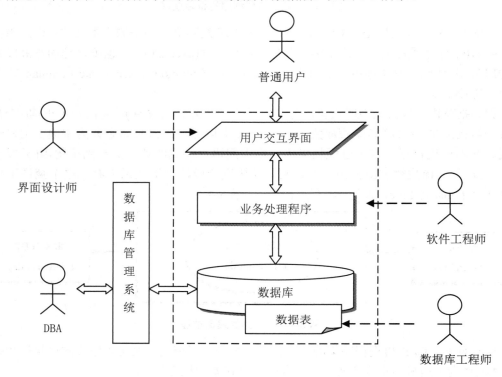

图 5-5 信息系统软件的构成

用户层指与用户打交道的那部分程序。它可以让用户下达命令、输入数据，并把处理信息显示给用户等。用户层也称用户接口或用户界面层。接口或界面都译自同一个单词 interface，就是与用户交互的程序，可以是 CUI(字符用户界面，可用文字下达命令)或 GUI(图形用户界面，可用按钮图标等下达命令)，当然也可以有声音或视频界面。对于大型应用系统来说，现在主要是使用 GUI 形式的界面。由于用户对软件体验的要求越来越高，大型软件系统的用户层都是专人设计。这些人称为界面设计师，由他们基于人机交互工程学、美学、心理学等对用户界面进行创作。

业务层指对数据进行加工处理的那部分程序。它接收用户层的数据，根据业务规则进行逻辑变换，把变换结果返回到用户层，也可以把原始数据或处理结果传递到数据层保存或从数据层获取需要的数据。这一层涉及具体的业务逻辑，需要对用户的业务进行详细的分析和设计，是软件设计师的主要工作。软件设计师一般要与领域专家和业务工作人员合作，才能设计出符合用户需求的软件来。所以，软件工程师不仅要掌握变量、过程、类等基本的程序设计工具，熟悉可提升设计效率的可用类库，还要懂得应用领域的相关业务及其处理逻辑。

数据层指与外部存储器打交道的那部分程序。它接收来自业务层的数据，把数据存储到外部存储器，也可以把存储在外部存储器上的数据返回给业务层。我们知道，计算机的主要处理对象就是数据，它把数据转化为人们能够利用的信息。正如现实生活中把资料以文档的形式存储在档案柜里一样，计算机处理的数据通常以文件的形式存储在外部存储器上。当现实生活中的资料越来越多，普通档案柜已很难分门别类地存储和归档大量资料时，就需要专门的资料室来解决，称之为资料库。同样，随着存储数据量的增多，普通的文件很难管理包罗万象的数据时，也需要专门的空间来解决，称之为数据库。生活中的资料库有专门的机构和专人来维护，数据库同样需要专门的软件和专人来管理。这种专门管理数据库的软件称为 DBMS(Database Management System，数据库管理系统)，使用 DBMS 管理数据库的人称为 DBA(Database Administrator，数据库管理员)。大型企业的大型软件系统一般都配有专门的 DBA 对其 DBMS 进行日常维护。当然，数据在外部存储器存储需要数据存储结构，数据存储结构反映了数据之间的关系，有线性的、有网状的、有层次的。当前用得比较多的是线性的，称为关系数据库。关系数据库的基本要素是数据表，相当于现实生活中的表格。对数据表等数据存储结构的设计主要是数据库工程师的工作。也就是说，在数据层，DBA 主要负责管理和维护数据库，数据库工程师则负责设计数据表及其关系。

一般来说，把与软件相关的工程师泛称为软件工程师。在大中型应用软件开发过程中，则可以根据实际工作的层次分为界面设计师、数据库设计师、软件设计师等。此时，软件工程师就是指工作在业务层，负责业务逻辑模块的设计和开发工作的工程师。但是，对于一般的小型应用软件，这三层通常由一个软件工程师来完成，即一个人完成数据存储结构、用户交互界面、业务处理逻辑的设计并加以实现。

对于初学者来说，建议从一个小型应用软件入手进入实用化程序设计阶段。可以设想要实现一个什么样的小型应用软件，如学生成绩管理系统、工程档案管理系统等，然后根据要管理的信息设计数据表，设计用户界面，最终在 IDE 中加以实现。

俗话说，"一个好汉三个帮"。一个好的程序员，也应该懂得充分利用.NET 庞大的资源库帮助自己解决问题。

.NET 类库是一个面向对象的类型集合，提供了丰富的类来支持 Windows 桌面、Web 等应用系统的快速开发，包括前面已经使用过的基础类型，以及常见的数据结构类型、用户界面控件、数据存储、网络通信、异常处理等。由于这些类型是以面向对象的方式实现的，使用方式大同小异，很容易掌握其使用规律。就像在现实生活中，遇到任何事情，只要找对了人，总可以很方便地把问题解决掉。当然，你得知道有哪类人(了解有哪些类)，并主动去和他们交朋友(熟悉这些类)，在你有困难(例如，复杂软件的开发)时，才会得道多助。

从程序设计语言的角度看，语言本身一般没有提供 I/O 语句。数据的输入输出由 IDE 的程序库提供。数据输入输出涉及键盘、显示器、外部存储器等外部设备。多层架构应用程序的用户层体现为与键盘和显示器等设备的交互，数据层涉及与外部存储器的交互。这两层都与外部设备相关，.NET 框架都提供有现成的类进行相关的输入输出处理。例如，可以用 Visual Studio .NET 自带的控件库来实现精美的用户层界面，用 Access、SQL Server 或 MySQL 作为 DBMS 来管理数据库，用 ADO.NET 组件在程序中操作数据。至于介于用户层和数据层之间的业务层逻辑，则主要工作在内部存储器中，涉及一些常见的数据类型和数据结构，如科学计算、日期和时间处理、文字编辑等相关的类。

5.2 .NET 框架中的常用类

C#本身只是一门语言。它能执行算术和逻辑运算、对变量赋值，具有程序设计语言的其他特性。但它不够灵活，难以开发更为复杂的应用程序。例如，在某些场合，开发人员可能想从 Internet 的主机(host)系统读取文件或下载内容,C#语言自身就难以办到,利用.NET框架的类库却轻而易举。因为.NET 框架就是一个为 Windows 平台开发的工具集，为开发人员提供了许多这样的便利。本节以一些简单实用的小例子展示.NET 框架中现成类的使用。要注意掌握现成类的使用规律，要么直接使用类的属性和方法，要么必须用类先创建对象，再使用对象的属性和方法。只要把一些常见的类掌握了，跨入实用化程序设计阶段指日可待。

5.2.1 科学计算

计算正弦曲线 $y=\sin x$ 在$[0,\pi]$上与 x 轴所围成的平面图形的面积。

——摘自高等教育出版社《高等数学(上)》第 6 版第五章定积分

这是属于微积分的计算问题。按照教材的解决思路，就是把 $y=\sin x$、$y=0$、$x=0$、$x=\pi$ 这四条线围起来的区域用矩形条细分，计算小矩形的面积，累计所有小矩形的面积来近似表达要求的区域面积。矩形分得越细，近似值越接近于区域面积。

用 C#来实现这个算法并不难，但是如何表示 $\sin$ 这样的三角函数呢？π 可以用常量 3.14159…，还有没有更好的表示呢？这些就要借助.NET 框架的类库了。在数学计算上，用于数学计算的类是 Math，找到它，了解一下它的属性和方法，就可以直接使用了。借助 Internet 可以查找到需要的类的信息，但主要还是使用微软官方的 MSDN。

MSDN 是 Microsoft Developer Network 的缩写，表示微软开发者网络。它提供有相对完整的学习资源。信息查找过程如下。

(1) 打开 https://msdn.microsoft.com/zh-cn/default.aspx 网站，单击"库"超链接进入 "Microsoft API 和参考目录"页；

(2) 在"开发工具和语言"下单击.NET Framework class library 超链接，进入.NET 框架类库页；

(3) 单击".NET Framework 类库"，找到并单击 System，进入 System 命名空间页，显示该空间所有的类、结构、接口、委托、枚举等列表；

(4) 找到 Math，可以看到其简介：为三角函数、对数函数和其他通用数学函数提供常数和静态方法。如果切换到"英语"，简介信息转换为：Provides constants and static methods for trigonometric, logarithmic, and other common mathematical functions。

(5) 单击 Math，进入 Math 页，可以从继承层次结构看到它继承自 Object。另外，我们需要的 sin 函数有现成的，就是 Sin(Double)，它返回指定角度的正弦值。Math 还有两个科学计算常用的属性：E(表示自然对数的底，它由常数 e 指定)和 PI(表示圆的周长与其直

径的比值，由常数 π 指定)。作为实例，该页使用多个数学和三角函数函数用 Math 类来计算梯形内部角度，可以帮助我们进一步了解其使用方法。

(6) 单击 Sin(Double)，可了解 Math 类 Sin 方法的使用格式。

学习了 Math 类及需要的属性和方法后，就可以使用它来进行程序设计了。解决上面的定积分计算问题的代码如下：

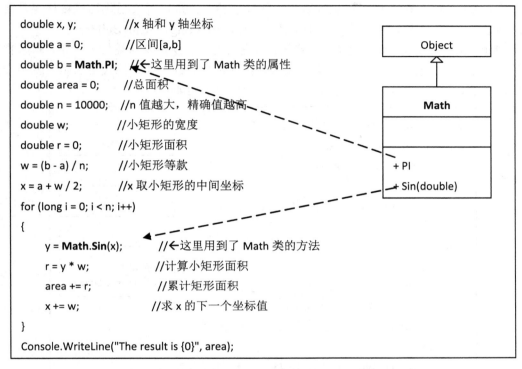

```
double x, y;          //x 轴和 y 轴坐标
double a = 0;          //区间[a,b]
double b = Math.PI;    //←这里用到了 Math 类的属性
double area = 0;       //总面积
double n = 10000;      //n 值越大，精确值越高
double w;              //小矩形的宽度
double r = 0;          //小矩形面积
w = (b - a) / n;       //小矩形等款
x = a + w / 2;         //x 取小矩形的中间坐标
for (long i = 0; i < n; i++)
{
    y = Math.Sin(x);      //←这里用到了 Math 类的方法
    r = y * w;            //计算小矩形面积
    area += r;            //累计矩形面积
    x += w;               //求 x 的下一个坐标值
}
Console.WriteLine("The result is {0}", area);
```

进一步了解 Math 类的其他方法，可以非常方便地进行更为复杂的科学计算。

后面的例子中，使用到.NET 框架中的现成类时，查找方法同上，不再赘述。另外，在学习期间积累的类信息越多，查找起来也会越方便。

5.2.2　文字处理

居民身份证号码，根据"中华人民共和国国家标准 GB 11643—1999"中有关公民身份号码的规定，公民身份号码是特征组合码，由十七位数字本体码和一位数字校验码组成。排列顺序从左至右依次为：六位数字地址码，八位数字出生日期码，三位数字顺序码和一位数字校验码。

——摘自《百度百科》

字符和
字符串类.flv

获取某种编码，可以查找其对应的含义信息。例如，从身份证号码可以获取地址、生日、性别等信息进行相关统计。身份证号码共 18 位，各位含义如下。

1～2：省、自治区、直辖市编码。

3～4：地级市、盟、自治州编码。

5～6：县、县级市、区编码。

7～14：出生年月日。例如，19830901 代表 1983 年 9 月 1 日。

15～17：顺序号。其中第 17 位为双数表示女性、单数表示男性。

18：校验码。把前 17 位数字代入统一的公式进行计算，计算结果是 0～10。10 用罗马数字 X 代替。

一般来说，输入的身份证号码都是一个整体，用字符串表示。如何从总的字符串提取部分字符串(称为子串)，用子串进行查询、统计或验证，是进行实用化程序设计经常要考虑的问题。.NET 框架提供有对文字进行编辑的类，如 String、StringBuilder 等。

例如，用户在 Internet 订机票，需要输入身份证号码。从网络传输性能考量，机票预订软件一般会在用户提交个人信息时进行输入数据的格式验证。如果格式不正确，就不会传输信息到订票网站。提取出生年份并进行判断的代码示例如下：

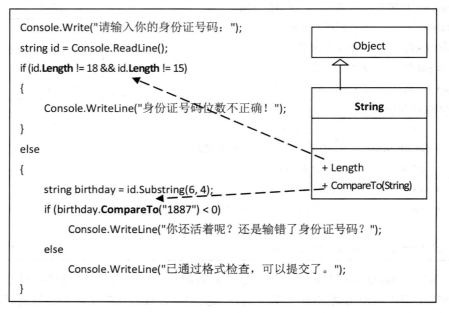

```csharp
Console.Write("请输入你的身份证号码：");
string id = Console.ReadLine();
if (id.Length != 18 && id.Length != 15)
{
    Console.WriteLine("身份证号码位数不正确！");
}
else
{
    string birthday = id.Substring(6, 4);
    if (birthday.CompareTo("1887") < 0)
        Console.WriteLine("你还活着呢？还是输错了身份证号码？");
    else
        Console.WriteLine("已通过格式检查，可以提交了。");
}
```

当然，这种判断并不完善。例如，运行这段程序，如果输入"【疏影横斜水清浅，暗香浮动月黄昏。】"作为身份证号码，同样可以通过检查。因为，这段汉字的长度也是 18，而提取的字串"清浅，暗"的排序也在"1887"的后面。是不是很怪异。

如果你知道.NET 框架还有关于正则表达式的类，这个问题就好解决了。

正则表达式是一种匹配输入文本的模式。.NET 框架提供了允许这种匹配的正则表达式的类。模式由一个或多个字符、运算符和结构组成。例如，用正则表达式表示身份证号码的模式如下：

\d{17}[\d|X]|\d{15}

其中，\d{17}表示重复 17 次数字匹配；\d|X 表示 1 位数字或 X 字符；|表示或；\d{15}表示重复 15 次数字匹配。当然，这里只是简单的演示，实际的身份证号码匹配模式比较复杂，感兴趣的话可以上网查阅相关资料。

具体实现时，可以利用 System.Text.RegularExpressions 命名空间中的 Regex 类及其 IsMatch 方法。在适当的地方增加如下判断语句，即可判断输入的身份证号码字符串中是否

存在非法字符:

```
if (!Regex.IsMatch(id, @"\d{17}[\d|X]|\d{15}"))
Console.WriteLine("身份证号码中有非法字符");
```

String 的功能非常强大,涵盖了大部分常用的文字处理方法,举例如下。

- 字符串编辑:用 Insert 插入子串、用 Remove 删除子串、用 Replace 替换子串、用 Trim 移除字符串前后的空白符、用 ToLower 把字符串转换为小写、用 ToUpper 把字符串转换为大写等。

- 丰富的子串查找功能:用 Contains 判断指定字符串是否出现在另一个字符串中、用 IndexOf 获取指定字符或子串的位置、用 LastIndexOf 获取指定字符或子串最后一次出现的位置、用 StartsWith 判断字符串的开头是否与指定的字符串匹配、用 EndsWith 判断字符串的结尾是否与指定的字符串匹配、用 Equals 判断两个字符串是否相同等。

- 格式化:用 Format 把指定字符串中一个或多个格式项替换为指定字符串表示形式、用 Copy 创建一个与指定字符串具有相同值的新的字符串等。

- 分解:用 Split 把字符串中的子串分开,存入一个子串数组中,以便分别处理。

当然,更多的方法请到 MSDN 库查阅完整的资料。

另一个需要注意的是字符串的构造问题。例如,对于基于数据库的应用程序,经常需要向 DBMS 发送 SQL 指令,这些指令通常需要用字符串常量和变量进行构造。例如:

```
string sql = "SELECT [name] FROM [Employee] WHERE id='" + id + "'";
```

这条语句用"SELECT [name] FROM [Employee] WHERE id='"常量、id 变量中的值、"'"常量构造了一个字符串对象 sql。假定变量 id 的值当前为 1234,则 sql 的值为:

```
SELECT [name] FROM [Employee] WHERE id='1234'
```

这是一条正确的 SQL 指令,表示到数据库的 Employee(职员表)表中查找 id(工号)值为 1234 的职员的 name(姓名)。

从内部性能上来说,这种构造字符串的方式不如使用 StringBuilder:

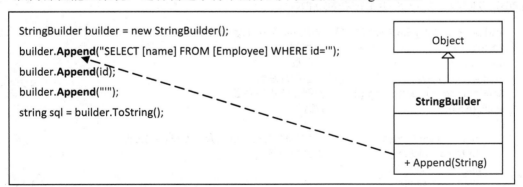

在这段代码中,先用 StringBuilder 类创建了一个 builder 实例,再用该实例的 Append 方法构造字符串,最后赋值给 sql 变量。请注意,这种方式看似比直接用 "+" 复杂,但性能要好得多。对于需要对较多字符串进行连接的场合,建议用 StringBuilder。

5.2.3　时间处理

想精确地知道自己此刻已经生活了多少天吗？下面的代码可以告诉你：

```
Console.Write("请输入你的出生年份：");
int year =Convert.ToInt32( Console.ReadLine());      //将输入的年份用 Convert 类转换为整数
Console.Write("请输入你的出生月份：");
int month = Convert.ToInt32(Console.ReadLine());
Console.Write("请输入你的出生日期：");
int day = Convert.ToInt32(Console.ReadLine());
DateTime dt = new DateTime(year,month, day);        //用输入的值创建日期时间对象
TimeSpan ts = DateTime.Now - dt;                    //此刻的日期时间减去你生日那天
Console.WriteLine(ts.Days);                         //输出天数
```

在这段代码中，先提示输入出生的年、月、日，用.NET 框架的 Convert 类的 ToInt32 方法转换为整型，再用转换的年、月、日作为参数创建 DateTime 对象，接着用 DateTime 的 Now(当前时间)减去出生时间，即可获得至此刻为止生活的天数，可精确到毫秒。

DateTime 是.NET 框架提供的功能相当强大的日期时间处理类。TimeSpan 是时间间隔类，可以记录两个时间点之间的时间差。

再来看一个问题：对于前面的定积分计算，我们很清楚，n 值越大，结果越精确。但是，耗时也越多。想知道时间都去哪儿了吗？可以在循环开始之前用 DateTime 类的 Now 获得时间值，循环结束后再次获取时间值，两数相减即可获得总的耗时。这对于算法性能的研究很有帮助作用，可以试试在 n 值后多加几个 0 看看需要等多久。

5.2.4　随机数生成

随机数可广泛地用于各种场合。例如，一个拼图游戏的核心算法是打乱图片显示的次序，且每次都是随机序列。可以把一幅图片按行列分割成若干小图片，形成一个图片阵列。为每张小图片顺序编号。每次先按顺序显示原图，然后乱序显示，玩家可以拖动图片交换重新拼成原图。乱序算法实现代码如下：

```
int[] pic={0,1,2,3,4,5,6,7,8,9,10,11};  //用 pic 数组记录图片序号
int cols = 3;                           //列数
int rows = 4;                           //行数
int n = cols * rows;                    //小图片总数
Random rdm = new Random();              //创建随机数对象
while (n > 0)                           //循环
{
    int idx = rdm.Next(n);             //生成随机数，该数介于 0 到(n-1)之间
    int temp = pic[idx];               //交换位置
    pic[idx] = pic[n - 1];
    pic[n - 1] = temp;
    n--;                               //处理下一位
}
for (int i = 0; i < pic.Length; i++)
Console.Write(pic[i].ToString ()+" ");
```

Random 类是.NET 框架提供的随机数类，可用于生成随机数。在这段代码中，创建了一个可生成随机数的对象 rdm，每次循环都调用 rdm 的 Next 方法，参数为 n，表示生成的随机数小于 n，即每次生成的随机数都介于 0 和(n-1)之间。pic 是图序数组，最初记录的是顺序。现在把生成的随机数作为图序数组的下标，将该下标处的值置换到当前一轮循环数组的最末位置。n 随后减 1，下一轮循环的最末位置前移 1 位，存放下一次随机指定的序号。如此循环，直至处理完所有的序号。图 5-6 是这段程序的 3 次运行结果，每次 pic 中记录的序列都不一样，是随机的。

图 5-6　图序数组中被打乱的顺序

5.3　数据结构类

In computer science, a data structure is a particular way of organizing data in a computer so that it can be used efficiently.

——摘自 https://en.wikipedia.org/wiki/Data_structure

在计算机科学领域，数据结构是在计算机中组织数据的一种特殊的方式，以便能有效地使用它。生活中有许多这样的具有特定关系的实体，如一个班级的同学形成的学生集合、食堂窗口排队打饭的队列关系等。一方面，针对不同关系的数据，应采用不同的组织方式，才可以更为有效地加以处理。例如，在食堂打饭如果不排队，在人多时就会发生混乱。另一方面，有的算法可以适用于不同的数据结构，将这些较为通用的算法从数据结构中独立出来，可以使得预定义的操作作用于不同的类型，以此提高类型的安全性和程序的重用性，这就是泛型技术。.NET 框架提供的集合类封装了一些常见的数据结构和算法，包括列表、字典、队列、栈等几大类，如 ArrayList(链表)、Queue(队列)、Stack(栈)等。其中，泛型集合位于 System.Collections.Generic 命名空间，普通集合位于 System.Collections 命名空间。较为常用的有 List<T>、ArrayList、Dictionary<TKey,TValue>等，应重点掌握。

5.3.1　泛型

对于交换两个值的算法，应该不会很陌生了。例如：

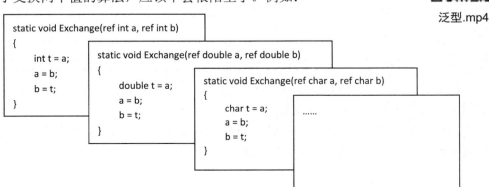

泛型.mp4

交换不同类型的两个数据，只需要把前面编写的代码复制下来，用新类型替换原算法中的类型即可。可以一直这样复制、修改下去。这看似简单的代码重用办法却存在较大的隐患。例如，一旦原算法需要修改，复制的所有算法都要修改。一旦忘记修改某个地方或修改有误，就可能会产生无法预料的问题。

利用泛型技术可以解决这一问题，那就是在类名或方法名后用一对尖括号<>把某个标识符括起来，在需要用类型的地方用此标识符代替即可。例如，上面代码修改如下：

```
static void Exchange<T>(ref T a, ref T b)
{
    T t = a;
    a = b;
    b = t;
}
```

```
int x = 6;
int y = 9;
Exchange<int>(ref x, ref y);
Console.WriteLine(x + "    " + y);
```

在左边的代码中，用 T 代替了原来的具体数据类型，在方法名后把 T 括起来表示这不是一个具体的类型，而是一个泛型。这个用尖括号括起来的 T 相当于模板，将来可以替换。例如，在右边的代码中，就用尖括号中的 int 代替了泛型中的 T。

泛型与继承一样，是提高程序可重用性的关键技术。它把算法从数据类型独立出来，形成了一个相当于模板的代码块，可用于操纵不同的数据类型。

5.3.2　集合类及其遍历

.NET 框架中常用的集合类如表 5-1 所示。

常见集合类.mp4

表 5-1　常用集合类

分　类	普通集合	泛型集合	备　注
列表	Array		数组
	ArrayList	List<>	列表
字典	Hashtable	Dictionary<, >	键/值对列表
	SortedList	SortedList<, >	排序列表
队列	Queue	Queue<>	先进先出
堆栈	Stack	Stack<>	先进后出

这些类的定义，可查阅 MSDN 进行系统的学习，也可在 IDE 环境中利用快捷菜单跳转到它们所在的程序集了解相关声明及其说明。

例如，在 Visual Studio .NET 中编写程序时使用 List，想了解其属性和方法，可以右击源代码中的 List，弹出如图 5-7 所示的菜单。

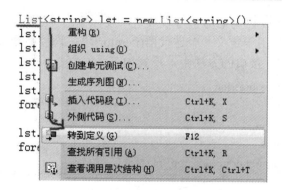

图 5-7　右键快捷菜单

选择"转到定义"选项，在设计窗口会显示 List 类定义的信息，如图 5-8 所示。

图 5-8 显示，List 位于 System.Collections.Generic 命名空间，表示 List 是系统(System)中的一个泛型(Generic)集合(Collections)类。可以在此查看类、方法列表、属性列表及相关解释。

```
namespace System.Collections.Generic
{
    // 摘要:
    //      表示可通过索引访问的对象的强类型列表。提供用于对列表过
    // 类型参数:
    //   T:
    //      列表中元素的类型。
    [Serializable]
    [DebuggerTypeProxy(typeof(Mscorlib_CollectionDebugView<>))]
    [DebuggerDisplay("Count = {Count}")]
    public class List<T> : IList<T>, ICollection<T>, IEnumerable
    {
        ...public List();
        ...public List(IEnumerable<T> collection);
        ...public List(int capacity);
```

图 5-8　List 类的信息

对于集合元素的遍历，最好是用 foreach 语句。foreach 与 for 语句类似，两者都允许遍历集合中的元素。但 foreach 语句不用索引变量，其语法格式如下：

```
foreach-loop ::= "foreach" "(" variable-declaration
"in" enumerable-expression ")" body
body ::= statement-or-statement-block
```

其中，enumerable-expression(可枚举表达式)是一个实现了 IEnumerable 接口的表达式，所以它可以是数组(array)或集合(collection)。variable-declaration(变量声明)声明一个变量，每次执行 body(循环体)，该变量都会被赋予可枚举表达式的当前元素，下次执行循环体时会赋予相继的下一个元素，直到没有可赋给该变量的元素，退出循环。例如：

```
string[] level = {"学会", "会学", "会用"};
foreach (string itm in level)
    System.Console.WriteLine(itm);
```

这段代码中，foreach 语句遍历字符串数组，逐行输出"学会""会学"和"会用"。

另外，yield 关键字用于定义一个迭代器(iterator)块，为枚举器(enumerator)生成值。通常用在实现 IEnumerable 接口的方法中，形式如下：

```
yield ::= "yield" "return" expression
yield ::= "yield" "break"
```

例如：

```
public static IEnumerable Generator(int stop, int step)
{
    int i;
    for (i = 0; i < stop; i += step)
        yield return i;
}
```

```
static void Main()
{
    foreach (int n in Generator(12, 2))
        Console.WriteLine("{0} ", n);
}
```

运行这段程序会显示：

0 2 4 6 8 10

5.3.3　集合类的应用

下面用一个例子对比说明集合类的常见用法。例子涉及信息如表 5-2 所示。

表 5-2　梁山集团人员清单(部分)

座　次	星　宿	绰　号	姓　名	上山回数	梁山集团职位
1	天魁星	及时雨，呼保义	宋江	41	总兵都头领
	……				
5	天勇星	大刀	关胜	64	马军五虎将，左军大将
6	天雄星	豹子头	林冲	12	马军五虎将，右军大将
7	天猛星	霹雳火	秦明	35	马军五虎将，先锋大将
8	天威星	双鞭	呼延灼	58	马军五虎将，合后大将
	……				
15	天立星	双枪将	董平	69	马军五虎将，虎军大将
16	天捷星	没羽箭	张清	70	马军八骠骑，兼先锋使
	……				

——信息源自古典名著《水浒传》

现在要对这些数据进行处理，包括数据输入、删除、修改，以及排序、搜索等。本例只为演示集合类的使用方法，请从实例对比中注意它们在数据处理上的区别。

现在在梁山雁台举行授衔仪式，由宋江、卢俊义等为马军五虎将、马军八骠骑等人员授衔。如果被授衔人员从雁台左边鱼贯上台，授完衔从右边鱼贯下台，这就是典型的队列

结构。可用队列类 Queue 模拟(该类的 Enqueue 方法用于入队,Dequeue 方法用于出队)。如果被授衔人员从雁台左边鱼贯上台,授完衔还是从左边鱼贯下台,这就是典型的栈结构。可用栈类 Stack 模拟(该类的 Push 用于入栈,Pop 用于出栈)。

这两种方式的模拟代码如下:

```
Queue qu = new Queue();    //创建队列
qu.Enqueue("关胜");          //关胜入队
qu.Enqueue("林冲");          //下面顺序入队
qu.Enqueue("秦明");
qu.Enqueue("呼延灼");
qu.Enqueue("董平");          //董平在队尾
//队列顺序:关胜 林冲 秦明 呼延灼 董平
qu.Dequeue();               //队首的关胜出队
...
//接下来是马军八骠骑授衔
qu.Enqueue("花荣");  ...
```

```
Stack st = new Stack();     //创建栈
st.Push("关胜");             //关胜入栈
st.Push("林冲");             //下面顺序入栈
st.Push("秦明");
st.Push("呼延灼");
st.Push("董平");             //董平在栈顶
//栈顺序:关胜 林冲 秦明 呼延灼 董平
st.Pop();                   //栈顶的董平出栈
...
//接下来是马军八骠骑授衔
st.Push("花荣");  ...
```

把入山时间因素考虑进来。如果按论资排辈授衔,就要按入山时间排到相关位置。这种情况可用 SortedList 类模拟(其 Add 方法用于入列,Remove 和 RemoveAt 方法用于出列)。如果不按论资排辈授衔,就按上台顺序占位。这种情况可用 Dictionary 类模拟(其 Add 方法用于入列,Remove 和 Remove 方法用于出列)。

这两种方式的模拟代码如下:

```
SortedList sl = new SortedList();
sl.Add(64,"关胜"); //64 是关键字,关胜是值
sl.Add(12,"林冲");
sl.Add(35,"秦明");
sl.Add(58,"呼延灼");
sl.Add(69,"董平");
//列表顺序:林冲 秦明 呼延灼 关胜 董平
sl.RemoveAt(2);   //删除的是呼延灼
sl.Remove (35);   //删除的是秦明
foreach (string str in sl.GetValueList())
    Console.WriteLine(str);   //输出列表值
```

```
Dictionary<int, string> dic = new
    Dictionary<int, string>();   //用泛型创建
dic.Add(34, "秦明");
dic.Add(63, "关胜");
dic.Add(69, "董平");
dic.Add(54, "呼延灼");
dic.Add(7, "林冲");
//列表顺序:秦明 关胜 董平 呼延灼 林冲
dic.Remove(54);   //删除的是呼延灼
foreach (string str in dic.Values)
    Console.WriteLine(str);   //输出列表值
```

另一种情况是不考虑特殊情况,随便授衔。用 ArrayList 和 List 都可以模拟。不过 List 是泛型集合类。这两种方式的模拟代码如下:

```
ArrayList al = new ArrayList();
al.Add("董平");        //董平入列
al.Add("关胜");        //关胜入列
al.Add("林冲");
al.Add("张清");        //入错列了
al.Add("呼延灼");
//列表顺序：董平 关胜 林冲 张清 呼延灼
al.Remove("张清");     //赶紧出列
al.Insert(2, "秦明");  //秦明入列
//列表顺序：董平 关胜 秦明 林冲 呼延灼
Console.WriteLine(al.IndexOf("林冲"));
//找林冲所在位置，显示 3
al.Sort();    //按姓名排序
//列表顺序：董平 呼延灼 关胜 林冲 秦明
al.Reverse();    //序列反转
//列表顺序：秦明 林冲 关胜 呼延灼 董平
```

```
List<string> lst = new List<string>();
lst.Add("董平");
lst.Add("关胜");
lst.Add("林冲");
lst.Add("张清");
lst.Add("呼延灼");
//列表顺序：董平 关胜 林冲 张清 呼延灼
lst.Remove("张清");
lst.Insert(2, "秦明");
//列表顺序：董平 关胜 秦明 林冲 呼延灼
Console.WriteLine(lst.IndexOf("林冲"));
//找林冲所在位置，显示 3
lst.Sort();
//列表顺序：董平 呼延灼 关胜 林冲 秦明
lst.Reverse();
//列表顺序：秦明 林冲 关胜 呼延灼 董平
```

希望你在读这段代码时能想象一下授衔仪式上的"乱象"。从这段代码还可以看出，在创建 List 对象时要指定列表的数据类型，如 string。一旦指定，这个对象就只能处理这种类型的数据。ArrayList 则未指定数据类型，它可以处理不同的数据类型。另外，也要注意 ArrayList 与 Array 的区别：前者是动态的，以链表的形式组织不同类型的数据；后者是静态的，用连续的区域组织同种类型的数据。例如：

```
string[] 马军五虎将  = { "关胜", "林冲", "秦明", "呼延灼", "董平" };
int idx= Array.IndexOf(马军五虎将, "呼延灼");
Console.WriteLine(idx);    //输出结果是 3
```

```
ArrayList al = new ArrayList();
//可处理不同类型的数据
al.Add(5);            //排名，整数
al.Add("大刀");        //绰号，字符串
al.Add("关胜");
al.Add("马军五虎将");
al.Add(36072.108);    //年薪，实数
foreach (object str in al)
        Console.WriteLine(str.ToString());
```

5.4 事件驱动

剑外忽传收蓟北，初闻涕泪满衣裳。却看妻子愁何在，漫卷诗书喜欲狂。
白日放歌须纵酒，青春作伴好还乡。即从巴峡穿巫峡，便下襄阳向洛阳。

——摘自《全唐诗》杜甫·闻官军收河南河北

不同的人初闻"收蓟北"的消息会有不同反应。这首诗反映漂泊剑门关南的杜甫一家在听到叛乱已平事件后的心情和表现。这就是典型的消息驱动或事件驱动的概念。Windows操作系统就是消息(Message)驱动的。开机后，它会等在那里。一旦发生鼠标移动、鼠标单击或敲击键盘事件，就会产生相关消息，驱动操作系统做事。使用面向对象技术，将消息"打包"成了事件(Event)，就成了事件驱动。事件有事件处理模型，与委托密切相关，本节介绍事件驱动模型及相关概念。

5.4.1　委托

对于 5.2.1 节关于科学计算的例子，使用的函数是 y = **Math.Sin**(x)。如果要设计一个较为通用的方法，可否将函数也作为参数传递过去？例如：

委托.mp4

```
//函数名是要求积分的函数，a 和 b 代表区间[a,b]，n 表示精度，即 n 等分
static double Integration(形式函数, double a, double b, double n)
{
        double x;                    //x 轴
        double area = 0;             //总面积
        double w;                    //小矩形的宽度
        double r = 0;                //小矩形面积
        w = (b - a) / n;             //小矩形等款
        x = a + w / 2;               //x 取小矩形的中间坐标
        for (long i = 0; i < n; i++)
        {
                r = 形式参数(x) * w;   //计算小矩形面积
                area += r;            //累计矩形面积
                x += w;              //求 x 的下一个坐标值
        }
        return area;

                                     //在其他方法里调用
}                                    double result = Integration(实际函数, 0, Math.PI, 100000);
                                     Console.WriteLine(result);
```

这是可以的。具体做法是：

(1)　先用 delegate 关键字定义一个委托(有的译为代理或代表)。例如：

delegate double **Fun**(double pm);

这条语句把 double Fun(double pm)方法定义为委托。

(2)　将委托作为方法的形参，并在方法体中使用形参。例如：

```
static double Integration(Fun f, double a, double b, double n)
{
    ...
```

```
    r = f(x) * w;
    ...
}
```

(3) 调用方法时将参数名作为实参传输过去。例如:

```
Console.WriteLine(Integration(sin,0,Math.PI,100000));
```

注意, sin 是一个与委托 double Fun(double pm)一致的具体方法。例如:

```
static double sin(double x)
{
    double y;
    y = Math.Sin(x);
    return y;
}
```

这样, Integration 就成为一个较为通用的求积分的方法了。实际使用时, 只要传递不同函数、区间和精度, 就可以求出相应的定积分。

普通参数解决了数据传递的问题, 委托解决的是方法传递的问题。对于类来说, 可以用类的方法创建委托对象再使用它。例如, 假定 Employee 有 Say 方法,

```
delegate void MyDelegate( );         //定义委托原型
//在其他类里创建委托对象
Employee emp = new Employee( );   //创建职员实例
MyDelegate md = new MyDelegate(emp.Say) ;   //用 emp 实例的 Say 方法创建委托对象
...
md();       //通过委托对象调用 Say 方法
```

5.4.2 事件模型

在现实生活中, 发生一件事情, 关注事件者闻听后各自有不同的反应。例如, 收到"收蓟北"的消息, 杜甫的反应是涕泪满襟、漫卷诗书、喜欲狂、放歌、纵酒、还乡。对应到程序设计领域, 涉及事件及其处理模型, 如图 5-9 所示。

事件.mp4

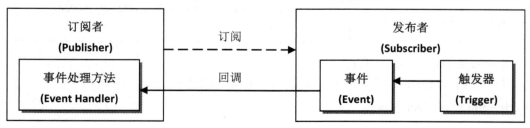

图 5-9 事件处理模型

在图 5-9 中, 订阅者需要预先订阅发布者的消息, 如参加新闻发布会。发布者一旦有事件发生, 如新闻发言, 就会调用订阅者的事件处理方法进行处理, 如听及其反应。下面用程序代码模拟新闻发布会的事件模型:

```
class Chinese //听得懂汉语的人
{
    public void 听(string message)
    {
        string[] en = { "Hello, World!", "Today is ..." };
        string[] ch = { "你好，世界", "今天是 ..." };
        int idx = Array.IndexOf(en,message);
        Console.WriteLine(ch[idx]);
    }
}
```

```
class British //听得懂英语的人
{
    public void Listen(string message)
    {
        Console.WriteLine(message);
    }
}
```

```
public delegate void Translate(string text);
class Spokesman   //新闻发言人
{   //声明 Speak 事件
    public event Translate Speak;
    public void Say(string msg)
    {
        Speak(msg);
    }
}
```

```
public class News
{
    static void Main(string[] args)
    {
        Spokesman Tom = new Spokesman();
        British Jerry=new British();
        Chinese  关胜=new Chinese();
        Tom.Speak+=new Translate(Jerry.Listen);
        Tom.Speak += new Translate(关胜.听);
        Tom.Say("Hello, World!");
        Tom.Say("Today is ...");
    }
}
```

这套代码定义了四个类，分别如下。

(1)　British，听得懂英语的人，相当于订阅者角色，具有 Listen 方法。

(2)　Chinese，听得懂汉语的人，相当于订阅者角色，具有"听"方法。该方法能把英语新闻译成汉语给听得懂汉语的人听。

(3)　Spokesman，新闻发言人，相当于发布者角色，具有 Say 方法，说英语新闻。

(4)　News，新闻发布系统，相当于一场新闻发布会。过程如下。

● 创建一个发言人 Tom、一个英国人 Jerry、一个中国人关胜。

● Jerry 要参加发布会"Tom.Speak+=new Translate(Jerry.Listen)"。

● 关胜要参加发布会"Tom.Speak += new Translate(关胜.听)"。

● Tom 说"Hello, World!"，系统会自动调用 Jerry 的 Listen 和关胜的"听"。

● Tom 说"Today is ..."，，系统会自动调用 Jerry 的 Listen 和关胜的"听"。

图 5-10 是新闻发布系统的运行结果。

这套代码的关键点有 4 个。

(1)　定义委托：public delegate void **Translate**(string text)。

图 5-10　新闻发布系统的运行结果

(2)　声明事件：public event Translate **Speak**。

(3)　使用事件：public void Say(string msg) { **Speak**(msg); }。

(4)　订阅事件：Tom.**Speak**+=new Translate(Jerry.**Listen**)；Tom.**Speak** += new Translate (关胜.**听**)。

订阅事件把 Tom 和 Jerry、关胜等关联起来了。

5.4.3 专用委托和事件类

引例.mp4

.NET 框架提供有专门的委托类 EventHandler，原型如下：

public delegate void **EventHandler**(object sender, EventArgs e);

该委托带有两个参数：一个是事件源 sender，一个是不包含任何事件数据的 e。e 是事件参数 EventArgs 类。可以从 EventArgs 派生自己的事件参数类，对消息打包。

下面是用现成委托 EventHandler 对前面的新闻发布系统进行改造后的代码，其中，粗体字是改变部分，请注意与前面的区别。

```csharp
class Chinese
{
    public void 听(object sender, EventArgs e)
    {
        MsgEventArgs mea = e as MsgEventArgs;
        string message = mea.info;
        string[] en = { "Hello, World!", "Today is ..." };
        string[] ch = { "你好，世界", "今天是 ..." };
        int idx = Array.IndexOf(en,message);
        Console.WriteLine(ch[idx]);
    }
}
```

```csharp
//创建自己的事件参数类
public class MsgEventArgs : EventArgs
{
    public string info { get; set; }
}
```

```csharp
class Spokesman    //新闻发言人
{    //声明 Speak 事件
    public event EventHandler Speak;
    public void Say(string msg)
    {
        Speak(this, new MsgEventArgs
                    { info=msg});
    }
}
```

```csharp
class British
{
    public void Listen(object sender, EventArgs e)
    {
        MsgEventArgs mea = e as MsgEventArgs;
        string message = mea.info;
        Console.WriteLine(message);
    }
}
```

```csharp
public class News
{
    static void Main(string[] args)
    {
        Spokesman Tom = new Spokesman();
        British Jerry=new British();
        Chinese 关胜=new Chinese();
        Tom.Speak+=new EventHandler (Jerry.Listen);
        Tom.Speak += new EventHandler (关胜.听);
        Tom.Say("Hello, World!");
        Tom.Say("Today is ...");
    }
}
```

5.5 语言集成查询

对于内存中的大批量数据(一般是集合类型)，经常会涉及统计、查询、筛选、排序等操作。.NET 为此提供了 LINQ(Language-Integrated Query，语言集成查询)功能。这些数据可能来自外存文件、数据库或计算生成。LINQ 不仅与自动属性、委托、泛型、迭代器等有关，也涉及隐式类型、匿名类型、初始化器、泛型委托、匿名方法、Lambda 表达式、扩展方法等概念和机制。本节通过实例介绍 LINQ 及相关概念。

5.5.1 LINQ 简介

LINQ 是一种使用扩展方法(extension method)查询数据集的方法。这些扩展方法位于 System.Linq。下面通过示例先来大致了解其用法。

假定现在已有一个职员类，且获得了部分职员的信息，代码如下：

```csharp
public class Employee        //职员类
{
    public int Number { get; set; }          //编号(自动属性，下同)
    public string Nickname { get; set; }     //昵称
    public bool Gender { get; set; }         //性别
    public int Age { get; set; }             //年龄
    public string Star { get; set; }         //星座
    public Employee()
    {
    }
}
```

```csharp
//在人事系统中建立职员数据清单(可从数据库获取)
var emp = new List<Employee>();    //var 表示 emp 是隐式类型
emp.Add(new Employee { Number = 58, Nickname = "矮脚虎",
                    Gender = false, Age = 32,Star="地微星" });
emp.Add(new Employee { Number = 59, Nickname = "一丈青",
                    Gender = true, Age = 26,Star="地慧星" });
emp.Add(new Employee { Number = 100, Nickname = "小尉迟",
                    Gender = false, Age = 48,Star="地数星" });
emp.Add(new Employee { Number = 101, Nickname = "母大虫",
                    Gender = true, Age = 46,Star="地阴星" });
emp.Add(new Employee { Number = 102, Nickname = "菜园子",
                    Gender = false, Age = 36,Star="地刑星" });
emp.Add(new Employee { Number = 103, Nickname = "地壮星",
                    Gender = true, Age = 39,Star="地壮星" });
```

使用 Employee 类的这段代码中有两个机制值得注意。

1. var emp = new List<Employee>()

这是关于隐式类型的，表示在声明变量 emp 时，其类型是隐式的。不过，虽然不必为其指定类型，但必须初始化，编译器根据其初始化值判断其数据类型。例如：

- var age = 32，编译器判断为整数型，相当于 int count = 108。
- var name = "公孙胜"，相当于 string name = "公孙胜"。
- var emp = new Employee(name, age)相当于 Employee emp = new Employee(name, age)或 var emp = new Employee("公孙胜", 32)，相当于 Employee emp = new Employee ("公孙胜", 32)。

var 声明变量与指定类型声明变量的代码在编译后产生的 IL 代码完全一样。编译器会根据变量的值，先推断出变量的类型，再产生 IL 代码。

2. new Employee { Number = 58, Nickname = "矮脚虎", …}

这是关于初始化器的，表示在创建一个 Employee 实例时直接为它赋初值。对于类来说，应该显式写出无参构造方法：public Employee(){ … }(即使是空方法体)。

再如，var a = new List<int>() { 41, 67, 20, 20, 64, 12, 35, 58, 35, 54 }用初始化器构造 a 列表，列表中有 10 个整数。

另外，还有一种匿名类型也要引起注意。例如：

```
Guid id= Guid.NewGuid();   //用.NET 框架的 Guid 创建一个全球唯一号码
var obj = new { id, nickname = "入云龙", lucknumber = new int[] { 4, 15, 20 } };
Console.WriteLine(obj.id);              //输出 guid 号码
Console.WriteLine(obj.nickname);        //输出昵称
Console.WriteLine(obj.lucknumber[1]);   //输出第二个幸运号，即 15
Console.ReadKey();       //暂停(可以看清楚结果——在直接单击小绿色三角形运行时可用)
```

这段代码的第一句与要讲的匿名类型无关，只是告诉你可以用 Guid 创建唯一号码而已。要关注的是 new { id, nickname = "入云龙", lucknumber = new int[] { 4, 15, 20 } }，它创建了一个匿名类型的对象。

好，言归正传，回到 LINQ。

如果要统计女性职员的平均年龄，该怎么做？

现在给出三种解决方法，代码如下：

```
//解决方案 1
int sum = 0;

int num = 0;

for (int i = 0; i < emp.Count; i++)
{
    if (emp[i].Gender)
    {
        sum += emp[i].Age;
        num ++;
    }
}
int average = sum / num;
```

```
//解决方案 2
var average = emp.Where(x => x.Gender).Select(x => x.Age).Average ();
```

```
//解决方案 3
var average = (from e in emp where e.Gender select e.Age). Average ();
```

这三种解决方案能解决同样的问题。其中，方案 1 比较好理解，就是用的传统方法遍历数据列表，统计满足条件的数据，包括合计和数量；方案 2 和方案 3 解决同样的问题，仅用两条语句就统计出了合计和数量，可谓简洁——它们用的就是 LINQ。

方案 2 和方案 3 中，Where、Select 等是 LINQ 提供的扩展方法(Extension Method)。扩展方法是指在不修改类本身的情况下扩展现有类型功能的方法。这种方法是静态的。它与其他静态方法的关键区别是使用了特殊的 this 参数。例如：

```
public static class MyExtension
{
public static int 加 1(this int val)
    {
        return ++val;
    }
}
```

这段代码中，参数由 this 限定，就知道这是一个扩展方法。它扩展了参数类型 int 的功能，即 int 类型具有"加 1"能力。以后可以这样使用：

```
int i = 20;
int j = i.加 1();
Console.WriteLine(j);   //输出 21
```

方案 2 中出现的"x => x.Gender"这样的形式是 Lambda 表达式。下面来了解 Lambda 表达式方面的知识。

5.5.2　Lambda 表达式

Lambda 表达式的格式为：

(参数列表)=>表达式或语句块

其中，=>是 Lambda 运算符，读作 goes to；运算符左边是输入参数(可以没有)，右边是表达式或语句块。例如：r => { return 3.14 * r * r; }相当于 static public double area(double r) { return 3.14 * r * r; }，其中 r 是参数，{ return 3.14 * r * r; }是语句块。可以看出，r => { return 3.14 * r * r; }是一个没有名字的方法，类似匿名方法。

下面使用 Lambda 表达式来解决问题，并与其他方法做对比。

假定用如下语句：

```
static List<string> lst = new List<string>();
…
lst.AddRange(new string[] { "宋江", "卢俊义", "宋清", "朱武" });
```

创建了一个列表实例 lst 并添加了部分数据，现在要查找姓宋的人，有如下几种方案：

```
static void FindByDelegate()
{   //方案 A：使用委托
    Predicate<string> cond = new Predicate<string>(IsExist);
    List<string> results = lst.FindAll(cond);
    foreach (string str in results)
        Console.WriteLine(str);    //输出
}
```

```
static bool IsExist(string str)
{
        return str.StartsWith("宋") ? true : false;
}
```

```
static void FindByAnonymous()
{    //方案 B：使用匿名方法
    List<string> results = lst.FindAll(
        delegate(string str){    return str.StartsWith("宋") ? true : false; };
    //输出同上
}
```

```
static void FindByLambda()
{    //方案 C：使用 Lambda 表达式
    List<string> results = lst.FindAll ((string str) => str.StartsWith("宋"));
    //输出同上
}
```

对比这几种方案不难看出它们的异同。

方案 A 用了.NET 框架预定义的 Predicate 泛型委托。其原型为：

```
public delegate bool Predicate<in T>(T obj);
```

这是用于定义一组条件并确定指定对象是否符合这些条件的方法。其中，obj 参数是要按照由此委托表示的方法中定义的条件进行比较的对象；类型参数 T 是要比较的对象的类型。如果 obj 符合由此委托表示的方法中定义的条件，则为 true；否则为 false。

Predicate<string> cond = new Predicate<string>(IsExist)语句完成实际委托的定义。以后对 cond 操作就是对 IsExist 操作，即进行相应的判断。

Predicate 泛型委托有其局限性，如传入一个参数，返回类型为 bool 等。如果不传参数、不返回值，或传多个参数、返回非 bool 值等情况，就无法使用它了。

为此，.NET 框架还预定义有 Action 和 Func 泛型委托。

Action 可以有 0～16 个输入参数，输入参数的类型是不确定的，不能有返回值。例如：

```
var act1 = new Action(Method1);
var act2 = new Action<int, string>( Method2);   //尖括号中 int 和 string 为方法的输入参数
static void Method1 ()   //无参数方法
{
//…
}
static void Method2 (int id, string star) //带两个参数的方法
{
//…
}
```

Func 也可以有 0～16 个输入参数，参数类型由使用者确定，不同之处是它要有一个返回值，返回值的类型也由使用者确定。例如：

```
var fun = new Func<int, string>( Method3);
//最后一个泛型类型(这里是 string)是方法的返回类型
static string Method3(int id)    //注意返回值类型在泛型委托中的位置
{
//…
    return star;
}
```

方案 B 使用的是匿名方法，即把无名字的方法(前面加 delegate 关键字)

```
delegate(string str){    return str.StartsWith("宋") ? true : false; }
```

作为参数传递给 List 的 FindAll 方法实现查找匹配功能。

方案 C 使用的是 Lambda 表达式方法，即把 Lambda 表达式：

```
(string str) => str.StartsWith("宋")
```

作为参数传递给 List 的 FindAll 方法实现查找匹配功能。

5.5.3　LINQ 的使用

.Net 框架类库中定义了一系列扩展方法对集合对象进行操作。这些扩展方法构成了 LINQ 的查询操作符，包括 Select、Where、Sum、Max、Average、Any、All、Concat 等。

现在回头来看看实现求 Employee 列表集合中女性平均年龄的语句。

解决方案 2 用的是 LINQ 的查询子句：

```
var average = emp.Where(x => x.Gender).Select(x => x.Age).Average ();
```

这条语句要在 emp 列表集合中查找和统计数据。其中，Where 的参数是一个方法，用于测试每个元素是否满足条件。这里用 Lambda 表达式 x => x.Gender，表示只要元素的 Gender 为 true(设定 true 表示女性，false 表示男性)，即满足条件，纳入查询或统计结果。emp.Where(x => x.Gender)是返回满足条件是女性的新集合。然后用 Select 指定执行查询返回的序列中的元素具有的类型和形式。这里用 Lambda 表达式 x => x.Age，表示选择年龄属性。最后用集合的 Average 方法求年龄的平均值。

解决方案 3 用的是查询语法：

```
var average = (from e in emp where e.Gender select e.Age).Average();
```

这条语句的两端与使用查询子句方式一致，中间部分是查询表达式，以 from 开始，以 select 或 group 结束，也就是 **from** e in emp **where** e.Gender **select** e.Age 部分。Where 和 select 与查询子句中的 Where 和 Select 的意思一样，但要注意首字母的大小写。from 用于指定数据源和范围变量，e 的作用可与 foreach(string e in emp)循环语句做对比，from 后类似于迭代变量的 e 前面也可以指定类型。查询表达式的结果也是一个集合，用 Average 照样可以得出年龄的平均值。

另外，还可以用 group/Group 进行分组，用 orderby/ OrderBy 进行排序等。

现在试着用 LINQ 来完成几个任务。看代码前先思考，写在纸上，再与代码做对比。

(1) 把所有职员的编号和昵称显示出来，编号和昵称之间用小数点分隔。

```
var s = from e in emp select e;
foreach (var p in s)
Console.WriteLine(p.Number + "." + p.Nickname);
```

(2) 查询 45 岁以下的职员的星座并显示出来。

```
var s = from e in emp select e;
foreach (var p in s)
Console.WriteLine(p.Number + "." + p.Nickname);
```

(3) 按绰号排序，把所有职员的绰号显示出来。

```
var nn = (from e in emp select e.Nickname).OrderBy(x => x);
foreach (string p in nn)
Console.WriteLine(p);
```

(4) 按性别分组，按组输出所有职员的绰号。

```
var s = from e in emp group e by e.Gender;
foreach (var p in s)
    for (int i = 0; i < p.Count(); i++)
        Console.WriteLine(p.ElementAt(i).Nickname);
```

(5) 显示男性职员的总数、年龄总和、最大者和最小者的昵称。

```
var men = emp.Where(x => !x.Gender);

var num = men.Count();

var sum = men.Select(x => x.Age).Sum();

var max = men.Select(x => x.Age).Max();

var min = men.Select(x => x.Age).Min();

var oldest = emp.Where(x => !x.Gender
                && x.Age ==max);

var youngest = emp.Where(x => !x.Gender
                && x.Age == min);
```

```
Console.WriteLine("总数：" + num +
                "合计：" + sum);
foreach(Employee p in oldest)
    Console.WriteLine("最大者："
                + p.Nickname);
foreach (Employee p in youngest)
    Console.WriteLine("最小者："
                + p.Nickname);
```

5.6　程序的容错能力

实用化程序设计最重要的方面还包括健壮性。一个程序应该有较好的容错能力，用 try 语句和 throw 关键字可以增强系统在容错方面的能力。

5.6.1　异常处理

在进行实用化程序设计时，在一些比较容易出问题的地方尽量使用 try 语句。程序在 try 语句内运行时，一旦出现问题，会把控制转到匹配异常的 catch 语句块进行出错处理，使系统具有一定的容错能力。在出现问题时，可用 throw 抛出异常，实现控制跳转。例如：

```
public class Poet    //诗人类
{
    private string Name { get; set; }     //诗人的姓名字段
    public Poet(string name)              //用姓名构造对象
    {
        if (name == "辛弃疾")          //如果传入的参数是"辛弃疾"
        {
            throw new Exception("辛弃疾不是唐代诗人!"); //抛出异常
        }
    }
}
```

```
public class Test    //测试类
{
    static void Main(string[] args)
    {
        try //容错
        {
            Poet chenZA = new Poet ("陈子昂");    //创建对象
            Poet heZZ = new Poet ("贺知章");       //创建对象
            Poet xinQJ = new Poet ("辛弃疾");      //创建对象，出现异常!
        }
        catch(Exception e)
        {
            Console.WriteLine(e.Message);        //如果有异常，显示异常信息
        }
    }
}
```

运行这段代码，当程序执行到生成"辛弃疾"对象时，Poet 抛出异常"辛弃疾不是唐代诗人!"，程序将控制转到 catch 中，将"辛弃疾不是唐代诗人!"显示在控制台上。

5.6.2　输入数据的容错

用户输入数据是经常出现问题的地方。例如下面这条语句涉及输入数据的转换问题：

int x1 = Convert.ToInt32(Console.ReadLine());

如果用户在输入操作数时，不小心输入了非数字字符，如 108 输成了 lo8，系统运行会崩溃，提示"未经处理的异常：System.FormatException：输入字符串的格式不正确"出错信息。

为了使得程序具有容错能力，在用户输入操作数后，应该判断其是不是需要的操作数

的类型。例如，下面的代码要求用户输入整数：

```
string opd = Console.ReadLine();    //读入的字符串暂存在 opd 变量里
int x1;    //临时变量，用于存储整数类型的操作数
```

下面这条语句用 int 类型的 TryParse 方法试图把 opd 的值转换至 x1 中。如果成功，表示用户输入的是数字，否则就不是。如果不成功，显示提示信息"操作数 xx 不是数字的，请重新输入"后直接用 return 退出该过程。

```
if (int.TryParse(opd, out x1))
{
    //继续处理
}
else
{
    //显示出错信息
}
```

要特别注意的是，C#的 int 类型本身没有 TryParse 方法，它只是.NET 框架中类型 System.Int32 的别名。Int32 有 TryParse 方法，可以用各语言的对应别名加以调用。

习 题 5

1. 到 MSDN 网站查阅.NET 框架常用类的完整信息。

2. 到互联网查询正则表达式的知识，用正则表达式表达完整的身份证号码模式。

3. 研究定积分计算代码，利用 DateTime 估算算法性能。

4. 设有一书店，读者可以注册为会员。会员按行业分类。书店到新书后，可以根据图书类别通知相关行业的会员。请用事件模型模拟这个过程。

5. 建立 Dictionary 实例，key 值为 string，value 值为 int：

```
Dictionary<string, int> general = new Dictionary<string, int>();
```

用 Add 方法输入关键字和值：

```
general.Add("关胜", 64);
general.Add("林冲", 12);
general.Add("秦明", 35);
general.Add("呼延灼", 54);
general.Add("董平", 69);
```

请按关键字排序并输出其值。

6. 回顾以前做过的作业，看看哪些程序值得用 try 语句来改造，以增强其容错能力。

第6章　可视化程序设计

6.1　工具箱的使用

手如柔荑，肤如凝脂，领如蝤蛴，齿如瓠犀，螓首蛾眉，巧笑倩兮，美目盼兮。

——摘自《国风·卫风·硕人》

"士为知己者用，女为悦己者容。"软件开发的目的，就是能为人所用。软件不仅要有一定的功能，界面也应有一定程度的美感。爱美之心，人皆有之。第一印象让人赏心悦目，能改变人的态度。一个人对事物的态度能够改变事物的本质。要对软件进行"梳妆"，就需要一些基本的妆具，这些东西一般放在妆具盒里。Visual Studio .NET 的"妆具"大部分都在工具箱里。熟悉这个工具箱，就可以"当窗理云鬓，对镜贴花黄"了。

6.1.1　成本计算程序的界面改造

先回顾第 4 章计算水池建筑成本的案例，面向对象程序设计方案代码如下：

```
class Circle
{
    double r;
    public Circle(double r)
    {
        this.r = r;
    }
    public double ComputeArea()
    {
        return Math.PI * r * r;
    }
    public double ComputePerimeter()
    {
        return 2 * Math.PI * r;
    }
}
```

```
class Program
{
    static void Main(string[] args)
    {
        //定义数据变量和常量

        Console.Write("请输入半径：");
        radius = double.Parse(Console.ReadLine());

        Circle small = new Circle(radius);
        Circle big = new Circle(radius + WIDTH);
        area = big.ComputeArea() - small.ComputeArea();
        perimeter = big.ComputePerimeter();
        cost = area * CONCRETE + perimeter * FENCE;

        Console.WriteLine("预算是{0:C2}", cost);
    }
}
```

在这个解决方案中，数据输入和输出部分用的是 CUI 用户界面。CUI 用于简单的调试和试验没有任何问题，但要作为商业化软件在市场销售就很难吸引到顾客。

相传在很久以前，弥勒佛和韦陀分别掌管着不同的寺庙。弥勒佛总是一幅乐呵呵的样子，易于亲近，但丢三落四，不会管账，经常入不敷出。韦陀善于理财，锱铢必较，但黑口黑脸，铁面无私，难以亲近。两庙香火渐绝。佛祖查香火时发现这个问题，就将他俩安置在同一个庙里，弥勒佛负责接客，韦陀负责管财。两人分工合作，香火大旺。

同理，可以把计算水池建筑成本程序分成两个部分，一部分做接待工作，负责数据的输入输出；一部分做管账工作，负责数据的加工处理。以前韦陀管理寺庙的工作划分如图 6-1 所示，韦陀既负责接待也负责管账。

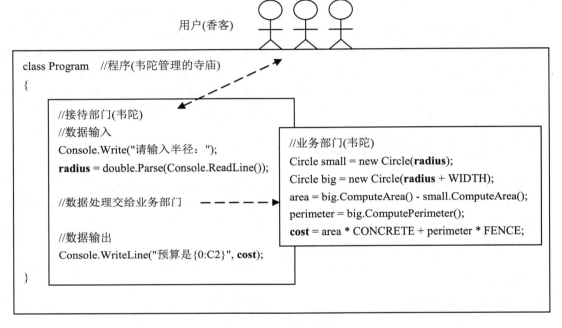

图 6-1 应用程序划分

截至目前，读者重心主要放在面向对象程序设计的核心概念上，一般是在控制台(CUI，即黑口黑面的韦陀)进行数据输入和输出。

现在用佛祖的这种管理思想来改造这个程序。以前韦陀接待，黑口黑面(CUI 界面特点)，现在把这部分工作交给弥勒佛做，使得接待工作不再沉闷(GUI 界面的特点)。韦陀的工作没有太大的变化，但寺庙的接待处大为不同了。

新建 Windows 窗体应用程序，出现一个空白窗体，这是新的接待处。为了装饰这里，到工具箱看看有什么"妆具"。有合适的就搬到接待处(空白窗体)，摆好位置，以各司其职。这是可视化程序设计思想。

新界面经过简单装饰，效果如图 6-2 所示。其中，显示有"成本预算器"标题的是窗体(Form)控件，相当于一个容器，可以放置其他控件，如显示"半径""成本"的标签、显示"计算"的按钮、显示"0"的文本框等控件。

图 6-2 成本计算用户界面

下面讨论这个应用程序的具体实现过程，看看是如何使用工具箱中的"化妆用具"(控件和组件)的。

6.1.2 控件属性的编辑

在图 6-2 中，显示"半径""成本"字样的是从工具箱里拖过来的标签(Label)控件，用于显示提示信息。还有一个暂时没有显示任何信息但用于输出最终计算结果的也是标签控件。显示有 0 字样的白底框是文本框(TextBox)控件，用于接收用户输入的半径数据。显示有"计算"字样的是按钮(Button)控件，当用户单击该按钮时计算成本并把计算结果显示到目前没有显示信息的那个标签控件上。

在工具箱里，控件只是"模板"，拖到窗体后变成了对象(由 IDE 在后台按控件的类定义自动生成创建实例的语句)，并赋予一个默认的对象名，如 Label1、Label2 等。一般来说，都要为它们重新命名，以便于阅读和维护程序。例如，这个例子中，接收用户输入半径的控件可由 TextBox1 改成 txtRadius(txt 是 TextBox 的缩写，Radius 是半径的英语单词，这是命名惯例之一)、用于显示计算结果的 Label 标签可命名为 lblCost、"计算"按钮可命名为 btnCompute 等。这些信息属于控件的属性，可以单击控件后在属性窗口直接修改，如图 6-3 所示。

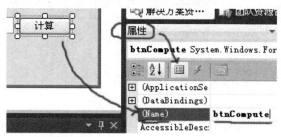

图 6-3 修改"计算"按钮的 Name 属性

在图 6-3 中，单击窗体或控件，属性窗口显示的就是选中窗体或控件的属性。属性窗口标题下显示当前窗体或控件的命名空间和类名；其下一栏为工具按钮栏，从左到右依次是"按分类显示""字母顺序""属性""事件"等按钮，可切换；再下一栏是具体属性或事件列表，列表左边是属性或事件名称，右边是属性值或事件处理程序名。有的属性可以直接修改，有的可以在弹出对话框或列表中选择。双击事件处理程序名，可以进入事件处理程序查看或编辑数据处理代码。如果事件处理程序名处是空白的，双击它可以自动生成事件处理程序代码框架并转到该框架供编写相应代码。

请按此模式修改三个提示标签的 Text 属性值，一个改成"半径"，一个改成"成本"，一个删除成为空白(用于显示计算结果)，将按钮标签的 Text 属性值改为"计算"，文本框的 Text 值改为 0。

下面就要让程序做事了。这个要交给窗体或控件的事件处理程序。

6.1.3　控件事件处理代码框架的生成

回顾事件处理模型，当事情发生后，关注此事件的对象会收到事件信息并做出相应的反应。这个反应就是对事件的处理，因此需要编写事件处理程序代码。

例如，Windows 窗体从外存载入内存，就会发生窗体载入(Load)事件，可能需要编写窗体载入(Form_Load)事件处理程序代码。因为窗体载入事件处理代码只在窗体载入内存但还未显示在显示器之前运行一次，因此一般来说，可以在此做一些初始化工作，如给全局变量赋初值等。双击窗体空白处或其事件窗口 Load 事件行，IDE 会自动生成窗体载入事件处理程序代码框架，在此可以做一些初始化工作。

现在双击"计算"按钮，或其事件窗口的 Click 事件行，如图 6-4 所示。

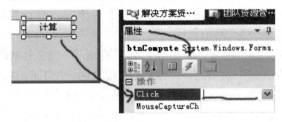

图 6-4　修改"计算"按钮的 Click 事件

IDE 自动创建按钮单击事件处理程序代码框架并转到代码编辑处供编辑，如图 6-5 所示。

```
Form1.cs* × Form1.cs [设计]*
WindowsFormsApplication1.Form1
using System;
using System.Collections.Generic;
using System.ComponentModel;
using System.Data;
using System.Drawing;
using System.Linq;
using System.Text;
using System.Windows.Forms;

namespace WindowsFormsApplication1
{
    public partial class Form1 : Form
    {
        public Form1()
        {
            InitializeComponent();
        }
        private void btnCompute_Click(object sender, EventArgs e)
        {
            |
        }
    }
}
```

图 6-5　鼠标单击"计算"按钮事件处理程序框架

单击"计算"按钮，事件处理方法如下：

```
private void btnCompute_Click(object sender, EventArgs e){        }
```

其中，private 表示这个方法是私有的；void 表示它无返回值；方法名称由控件名(btnCompute)和单击事件名(Click)组合而来，两个名称用下画线连接；方法带两个参数，一个是 object 型的 sender，表示事件发布方(事件源)，一个是 EventArgs 型的 e，表示事件包(其中有产生的事件和事件本身的信息)；方法体是空的，表示你要在这里编写程序，对从事件源发送过来的事件包进行处理(当然也可以不处理，具体怎么处理要根据业务需求而定)。

6.1.4　自动生成的窗体应用程序代码框架结构

窗体逻辑
代码.mp4

在图 6-5 中，除了自动生成的事件处理程序代码，其他也都是自动生成的。从上到下依次为涉及的其他命名空间、该应用程序自己的命名空间 WindowsFormsApplication1(在创建 Windows 应用程序项目时，如果没输入自己的名称，系统就默认生成这个名字)；命名空间中，从外到内依次为：类名 Form1、构造方法 Form1()。

系统自动添加的其他命名空间包括：

```
System;                           //含基本的数据类型的定义
System.Collections.Generic;       //含泛型集合的定义
System.ComponentModel;            //含组件模型的定义
System.Data;                      //含数据处理类的定义
System.Drawing;                   //含绘图类的定义
System.Linq;                      //含 LINQ 类的定义
System.Text;                      //含文本处理类的定义
System.Windows.Forms;             //含窗体和控件类的定义
```

这些命名空间用 using 添加后，使用其空间中的类型时，可以在类型前面省略命名空间，简化程序代码的编辑和阅读工作。

接下来，namespace 关键字指明 WindowsFormsApplication1 是这个 Windows 窗体应用程序的命名空间。

命名空间中定义了窗体类：

```
public partial class Form1 : Form
```

这个定义表明，Form1 窗体类是从 Form 类派生而来的，它是公开类(public)，也是部分类(partial)。部分类的意思表示现在看到的代码只是 Form1 这个类的一部分。那么另一部分在哪里呢？

先看看 Form1 的构造方法：

```
public Form1()
{
    InitializeComponent();
}
```

这个构造方法，毋庸置疑，是用来构造窗体对象的。方法体里只有一个方法调用，那就是 InitializeComponent，字面意思是初始化组件。这又是什么呢？

右键单击 InitializeComponent，在弹出菜单中选择 "转到定义" 选项，IDE 打开了另一个文件，如图 6-6 所示。

```
Form1.Designer.cs*  ×  Form1.cs*       Form1.cs [设计]*
WindowsFormsApplication1.Form1

    #region Windows 窗体设计器生成的代码

    /// <summary>
    /// 设计器支持所需的方法 - 不要
    /// 使用代码编辑器修改此方法的内容。
    /// </summary>
    private void InitializeComponent()
    {
        this.label1 = new System.Windows.Forms.Label();
        this.txtRadius = new System.Windows.Forms.TextBox();
        this.btnCompute = new System.Windows.Forms.Button();
        this.label2 = new System.Windows.Forms.Label();
        this.lblCost = new System.Windows.Forms.Label();
```

窗体设计代码.flv

图 6-6　Windows 窗体设计器自动生成的代码

由图 6-6 可知，InitializeComponent 是定义在 Form1.Designer.cs 文件中的方法。在这里可以看到刚才拖动到窗体的控件所对应的语句代码，例如语句：

```
this.txtRadius = new System.Windows.Forms.TextBox();
```

其中，**this** 表示本窗体对象；txtRadius 是我们自己给文本框控件取的名字，"．"表示 txtRadius 是本窗体的控件；语句创建 System.Windows.Forms 命名空间的 TextBox 文本框实例。如果前面用 using 引入了命名空间，这条语句可以简写为：

添加按钮代码.mp4

```
TextBox txtRadius = new TextBox();
```

是不是更加清晰呢？

另外，在 Form1.Designer.cs 文件的最前面可以看到：

```
partial class Form1 { …
```

说明这也是一个部分类，是 Form1 的一部分(partial)。

由此可知，Form1 的定义分布在 Form1.cs 和 Form1.Designer.cs 两个文件中。换句话说，把这两个文件合起来，就可以整合出一个完整的 Form1 类。

这样分离的好处是，一些单调而重复的编码工作可以交给 IDE 去做，例如创建对象、修改属性等，其生成的代码单独放在 Form1.Designer.cs 中，不用去管它。程序员只需要把注意力集中在业务逻辑上即可。你自己编写的代码会放在文件 Form1.cs 里，单独编辑和维护，可减轻工作量。

双击按钮代码.mp4

6.1.5　编写程序代码

现在完成成本计算程序编写工作，代码如下：

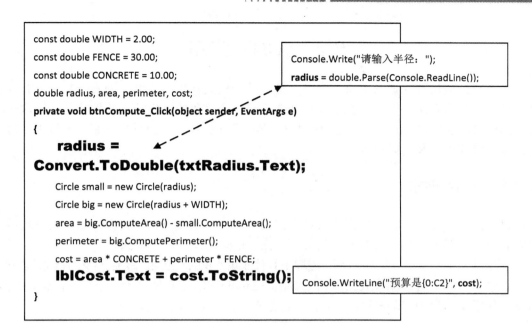

由于 Circle 类的定义可以重用(请体会重用带来的便利)，基于 Windows 窗体的应用程序直接把第 4 章的 Circle 源码拿来使用。而在 Form1 类中(相当于控制台应用程序的 Program 类)，找到"计算"按钮事件处理程序代码框架，把基于控制台实现的程序代码 Program 中变量和常量声明语句复制到事件处理程序的前面，把业务计算部分的语句复制到事件处理程序中，用语句：

```
radius = Convert.ToDouble(txtRadius.Text);   //从 txtRadius 控件取用户输入的半径值
```

代替以下语句：

```
Console.Write("请输入半径：");
radius = double.Parse(Console.ReadLine());
```

用语句：

```
lblCost.Text = cost.ToString();      //把计算结果放到 lblCost 控件输出
```

代替以下语句：

```
Console.WriteLine("预算是{0:C2}", cost);
```

工作即告完成。请体会两者在实现上的差异。

图 6-7 为对比窗体和控制台两种应用程序的运行结果。

图 6-7　窗体和控制台对比效果

6.2　我的百宝箱

一个桌面应用程序通常具有启动、主控、功能模块等用户界面。为安全起见，有的管理软件还设计有登录界面。现在要求设计并实现一个"我的百宝箱"软件项目。用这个项目将.NET框架提供的用于用户层界面设计、数据层I/O操作的控件串起来。本章主要涉及用户层的设计方法和实现技术。

6.2.1　软件需求

"我的百宝箱"软件主要用于管理自己的珍藏，如书籍资料、音像制品、娱乐软件、研究心得等。要求软件具有启动、登录、主控、信息管理等用户界面。

下面以Visual Studio软件的使用流程来具体了解"我的百宝箱"软件涉及的概念和控件。

首先是飞溅屏(Splash Screen)。启动Visual Studio 2010，会先显示一个含有图像、徽标，以及软件版本信息的启动画面(通常称为飞溅屏)，如图6-8所示。

图6-8　Visual Studio 2010 的飞溅屏

启动画面显示一小段时间后关闭，进入系统的主控界面，如图6-9所示。这个主控界面包括应用程序的标题栏、菜单栏(menuStrip)、工具栏(toolStrip)、状态栏(statusStrip)，以及程序设计区和可随意摆设的辅助工具小窗口。

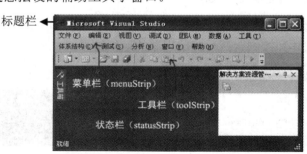

图6-9　Visual Studio 2010 的主控界面

在主控界面，单击菜单栏的菜单项或工具栏的按钮，就可以使用或进入相应的功能模块完成相关的任务。单击有的菜单项或按钮，如"启动调试"或绿色小三角按钮，不弹出新的界面，直接执行编译和运行程序。单击有的菜单项或按钮，会弹出新的界面供查看或操作，例如，选择 "调试"→"选项和设置"命令，会弹出"选项"对话框，如图 6-10 所示。

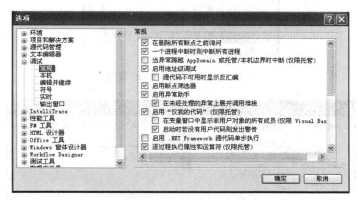

图 6-10 "选项"对话框

一般来说，Windows 窗体应用程序的主控界面都要设计菜单栏用于选择功能、工具栏用于快速使用常用功能、状态栏用于提示操作信息，"我的百宝箱"软件也不例外。

6.2.2 创建项目并调整主窗体属性

创建一个新的 Windows 窗体应用程序项目，将默认的 Form1 窗体更名为 MainForm，作为主控窗口。

主控窗口 MainForm 的以下属性需要调整。

- Text：输入"我的百宝箱"作为窗体标题栏的信息。
- StartPosition：在下拉列表里选择 CenterScreen，表示窗体默认显示在屏幕中央。
- IsMdiContainer：在下拉列表里选择 True，表示这是一个 MDI(多文档界面)窗体。作为父窗口，它可以容纳其他窗口作为它的子窗口。子窗口可以移动和缩放，但都在父窗体范围内。
- WindowState：在下拉列表里选择 Maximized，表示窗体默认以最大化的方式显示，占满整个屏幕。这个暂时也可以不设置。
- Icon：这是设置应用程序的徽标，用于标识自己特有的产品。一般需要提前设计并准备好。徽标是一个扩展名为 ico 的图形文件，通常都比较小。找到窗体的 Icon 属性，在属性值区有一个按钮，如图 6-11 所示。

单击按钮，弹出如图 6-12 所示的"打开"对话框。

选择准备的 Icon 文件，单击"打开"按钮，设计区的主窗口界面左上角的徽标变成了自设的，如图 6-13 所示。

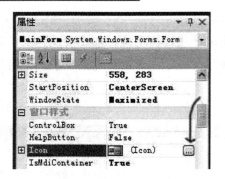

图 6-11　应用程序 Icon 属性

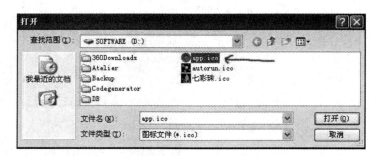

图 6-12　"打开"对话框

图 6-13　修改程序徽标

6.2.3　菜单和工具栏控件的使用

到餐馆吃饭，服务员会拿给你一个菜单供选择。让自己的软件具有类似的功能供用户选择一直也是软件设计师要考虑的事情。.NET 提供的菜单和工具栏控件能让我们省时省力地完成这一任务。.NET 框架提供的菜单和工具栏控件，如图 6-14 所示。

分别双击工具箱里的 MenuStrip、ToolStrip 和 StatusStrip 控件，主窗体发生了一些变化，如图 6-15 所示。

单击菜单栏，在出现的输入框中输入相应的菜单项即可，如图 6-16 所示。

至于工具栏，单击它会出现相应的按钮编辑项。单击按钮编辑项，会在其左边生成一个具体的按钮(Button)对象。对象显示的图标是默认的。要提前准备一些按钮用的图标文件，一般是 jpg 或 gif 格式的。找到按钮的 Image 属性，单击其属性值区的按钮，弹出如图 6-17 所示的"选择资源"对话框。

单击"导入"按钮，在弹出的"打开"对话框中选择图像资源文件即可。图 6-18 是"我的百宝箱"软件的部分工具栏按钮。

图 6-14 工具箱里的菜单和工具栏控件

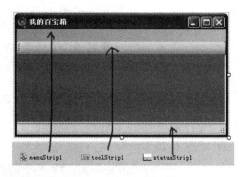

图 6-15 菜单栏、工具栏、状态栏控件

图 6-16 编辑菜单项

图 6-17 "选择资源"对话框

图 6-18 工具栏按钮设计

图 6-18 显示的按钮模板还剩几个。除了普通的按钮,也可以用其他的控件作为工具栏的对象,如可用 Separator 对按钮进行分隔。其他几个控件将在后面陆续介绍。

单击状态栏控件,可选择如图 6-19 所示的用于编辑状态栏对象的控件。单击按钮,默认生成 StatusLabel 对象,即状态标签。用这种控件可以显示用户操作的状态信息,如默认显示"就绪",以后可以修改。为了后面编写程序方便,这里把第一个标签更名为 tssMsg。以后在适当的地方用 tssMsg.Text="…"就可以实时显示相关的状态信息。

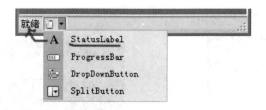

图 6-19　状态栏标签设计

至此，带有菜单栏、工具栏、状态栏的主控窗体设计完毕。"我的百宝箱"主控界面的运行效果如图 6-20 所示。

图 6-20　"我的百宝箱"主控界面运行效果

6.2.4　实现业务窗体界面

目前，"我的百宝箱"程序的菜单项和工具按钮都还只是"摆设"，相当于餐厅只有菜单没有厨师或服务。

要提供服务，可以双击菜单项，在自动生成的鼠标单击事件处理程序代码框架中输入业务逻辑代码或打开另一个业务窗体供用户使用。

右击解决方案资源管理器里的项目名，弹出如图 6-21 所示的菜单。

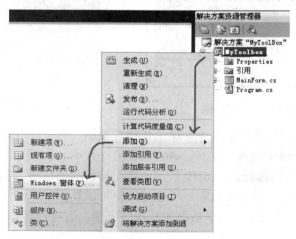

图 6-21　添加 Windows 窗体菜单项

选择"Windows 窗体"选项，创建一个新的窗体，并取名为 OtherForm。这个窗体暂时只用于演示在主控窗口单击菜单项后如何打开另一个窗口，以后再利用它实现相应的功能。现在从工具箱拖曳一个 Label 控件到新窗体，修改其 Text 属性值为"此功能暂未实现"，再修改其字体。

找到 Font 属性，单击图 6-22 中 Font 属性值区的按钮，出现如图 6-23 所示的"字体"对话框。

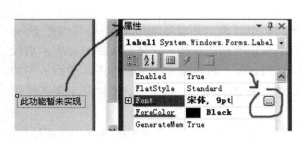

图 6-22　Label 的 Font 属性

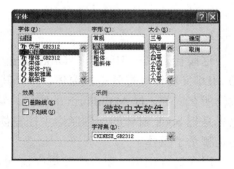

图 6-23　"字体"对话框

选择字体、字形、大小，如黑体、常规、三号，并选择"删除线"选项，单击"确定"按钮。

继续改变字体的前景色。在图 6-22 的 ForeColor 属性值区选择字体颜色，如红色。此时，新窗体的设计界面如图 6-24 所示。

至此，新窗体设计完毕。

下面把这两个窗体"联系"起来。

双击主控窗体 MainForm 的"图书"→"小说"→"武侠"→"其他"菜单项，如图 6-25 所示。

图 6-24　OtherForm 窗体设计

图 6-25　"图书"→"小说"→"武侠"→
"其他"菜单项

设计器自动生成"其他"菜单项单击事件处理程序代码框架。在框架中输入如下代码(粗体字部分，其他是 IDE 自动生成的框架代码):

```
namespace MyToolbox
{
    public partial class MainForm : Form
    {
        public MainForm()
        {
```

```
            InitializeComponent();
        }
        private void 其他 ToolStripMenuItem2_Click(object sender, EventArgs e)
        {
            OtherForm book = new OtherForm();   //创建 OtherForm 窗体实例 book
            book.MdiParent = this;       //将 book 设置为主控窗体(this)的子窗体
            book.Show();                 //显示 book 窗体对象
            tssMsg.Text = book.Text;     //在状态栏的 tssMsg 标签中显示 book 的标题
        }
    }
}
```

这段代码第一句创建了 OtherForm 窗体的实例对象，并命名为 book。第二句把 book 的 MDI 父窗体设置为主控窗体，即"其他"菜单项所在的窗体。这里可以用 this 表示这段代码所在的类，即 MainForm 的实例。第三句把 book 子窗体显示在父窗体中。最后一句的意思是把 book 窗体的标题赋给主控窗体的状态栏里的对象 tssMsg，在状态栏显示现在使用的是哪个子窗体。

现在运行程序。在主控窗体中找到"其他"菜单并单击，会显示如图 6-26 所示的运行结果。

至于从工具栏进入业务窗体，不需要双击相关按钮再写一段同样的代码。因为工具栏的按钮是菜单项的快捷方式，可以对应到相关的菜单项。因此，单击与"其他"菜单项对应的按钮，找到其 Click 事件，在其下拉列表中选择"其他"菜单单击事件处理方法即可，如图 6-27 所示。

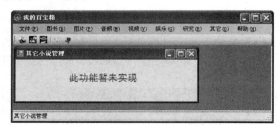

图 6-26　单击"其他"菜单项的
运行结果

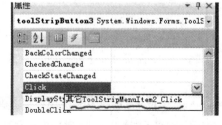

图 6-27　与"其他"菜单项对应的按钮的
Click 事件处理方法选择

6.2.5　实现应用程序的退出功能

在退出应用程序或窗体时，人性化的设计应该是提醒用户是不是真要退出，以免因发生误操作而影响工作。

关闭应用程序或窗体的方式一般有两种：设计一个"退出"菜单项或单击窗口右上角的关闭按钮。

找到窗体的"正在关闭窗体"事件(FormClosing)，双击它生成该事件的处理程序代码框架。在事件处理代码框架中输入以下代码：

```
DialogResult dr = MessageBox.Show("退出系统前请确认数据都已经存储！继续退出吗？",
                                  "提醒",
```

```
MessageBoxButtons.YesNo,
MessageBoxIcon.Exclamation);
if (dr.Equals(DialogResult.No))
e.Cancel = true;
```

以后单击窗体关闭按钮时，会弹出如图 6-28 所示的对话框，询问是否退出。单击"是"按钮才真的退出窗体。

那么该怎么设计"退出"菜单项的退出功能呢？

双击"退出"菜单项，在其 Click 事件处理程序中输入以下代码(粗体部分)：

```
private void 退出 ToolStripMenuItem_Click(object sender, EventArgs e)
{
        Application.Exit();        //调用应用程序(Application)类的 Exit 方法退出应用程序
}
```

单击"退出"按钮，调用.NET 框架提供的应用程序(Application)类的 Exit 方法试图退出应用程序，也会发生窗体的"正在关闭窗体"事件(FormClosing)，自动调用其处理程序进行判断，以决定是否退出。

现在回头来看看这段用于退出前判断的代码。其中用到了 MessageBox 类。这也是.NET 框架提供的现成类，用于显示提示信息、警告信息等。这里用到了带四个参数的 Show 方法，其含义可用图 6-29 进行对比理解。

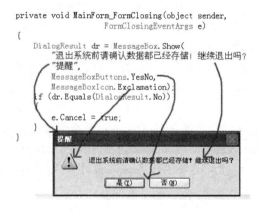

图 6-28　提醒是否关闭窗体　　　　图 6-29　MessageBox 的 Show 方法参数含义

当用户单击"否"按钮时，dr 的值等于 No(这是 DialogResult 的枚举值)，调用 e.Cancel = true。e 是 FormClosingEventArgs 型参数，如果将它的 Cancel 属性置为 true，就不会关闭窗体了。

6.3　神秘的飞溅屏

以前乘飞机，到达目的地机场，乘客会被很快送达取托运行李的地方，但行李不会那么快地被送来，经常引起乘客的抱怨。从飞机上取下行李、装车、运送、卸货等总是需要时间的。为避免损伤物品，还不能野蛮装卸，所以效率确实难以有质的转变。为减少抱怨，提高服务质量，后来就把乘客送到距离取行李处较远的地方，乘客自行走路过去。从下飞机的地方到机场出口，沿途投放了许多清新亮丽的广告。乘客一路行来，既可舒展因长时间乘坐飞机而有些僵硬的四肢，也能欣赏沿途的"风景"。走的路虽然多了，但因等待而引起的抱怨少了。一些经典的大型应用程序(例如 Windows 操作系统)的启动同样需要做很多初始化工作，通常也会在程序启动过程中显示一些美丽的画面，告诉用户程序正在加载中。这种画面组成的屏幕称为飞溅屏。在飞溅屏中做些小广告，可避免枯燥和无聊，还可以像机场那样因投放广告而创收。本节告诉你如何制作飞溅屏。

6.3.1 准备工作

一个具有良好视觉吸引力的飞溅屏有助于增强应用程序的外观效果。飞溅屏的成功需要精心设计。启动时间较短时，一般只有一幅画面。启动时间较长，可以在几幅画面之间切换。当然，可以在飞溅屏内用一个进度条显示系统加载的进度。当飞溅屏消失时，出现应用程序主控窗口。

飞溅屏可能有动画、图形和声音等，应提前准备好相关资源文件。然后创建一个新的窗体，并取名为 SplashForm。接着调整 SplashForm 窗体的下列属性。

- FormBorderStyle：在下拉列表里选择 None，消除窗体边框显示。
- BackgroundImage：在其属性值框单击按钮，就像选择应用程序徽标资源那样选择窗体的背景图。这是飞溅屏的主要画面，可以带有漂亮的图片、产品标志、软件版本等信息，也可以只是图像或图形。
- BackgroundImageLayout：窗体大小和背景图尺寸一般并不一致。在下拉列表里选择 Stretch，可以拉伸背景图填充整个窗口。
- StartPosition：在下拉列表里选择 CenterScreen，表示窗体默认显示在屏幕中央。

从工具箱拖曳一个 Label 到窗体，将其 Text 属性值改为合适的版本号，如 Ver 2.01；调整标签位置和字体；将前景色(ForeColor)改为白色，背景色(BackColor)改为透明(Transparent)。Transparent 在 BackColor 属性列弹出列表的 Web 页，如图 6-30 所示。

至此，准备工作完成，设计效果如图 6-31 所示。

图 6-30　设置背景色为透明

图 6-31　飞溅屏设计效果图

6.3.2 画面淡入

如何使得飞溅屏从无到有地显现在屏幕上呢？这就是画面的淡入问题。工具箱里的计

时器(Timer)组件可以做到这一点。

Timer 组件有一个滴答(Tick)事件，只要在该事件的处理程序中改变窗体的透明度，就可以实现画面的淡入淡出效果。实现过程如下。

(1) 将 SplashForm 窗体的透明度(Opacity)属性值改为 0%，表示一开始的透明度为 0，窗体不显示。

(2) 双击工具箱里的 Timer 组件，创建一个时间对象 timer1。把 timer1 的使能(Enabled)属性值改为 True，表示一开始就启动计时功能。调整 time1 的计时间隔(Interval)属性值(1000为 1 秒)，以控制飞溅屏总的显示时间。双击 timer1，在自动生成的 timer1_Tick 方法中加入如下代码(粗体)：

```
private void timer1_Tick(object sender, EventArgs e)
{
                                        if (this.Opacity < 1) //如果透明度小于 100%
                                            this.Opacity += 0.01;     //加 1%
}                                       else
                                            this.Close();   //关闭飞溅屏
```

(3) 双击解决方案资源管理器中的 Program.cs 文件，打开后，修改其 Main 方法(这是Windows 窗体应用程序的入口)，加入代码如下(粗体)：

```
//原程序代码框架
namespace MyToolbox
{
    static class Program
    {
        /// <summary>
        /// 应用程序的主入口点。        SplashForm splash = new SplashForm();
        /// </summary>                 splash.ShowDialog();
        [STAThread]
        static void Main()
        {
            Application.EnableVisualStyles();
            Application.SetCompatibleTextRenderingDefault(false);
            Application.Run(new MainForm());    //在这里创建主控窗体对象
        }
    }
}
```

原来的程序中，要注意语句：

Application.Run(new MainForm());

其中，new MainForm()创建了主控窗体对象。前面说过，Application 是.NET 框架提供的应用程序类，其 Run 方法表示运行程序。把刚创建的对象作为参数传递进去，就是运行这个窗体程序。

在该语句前面插入创建 SplashForm 实例的语句，并以对话框的形式显示，就是在主控窗体创建之前先显示飞溅屏。

现在运行程序，可以看到飞溅屏的淡入效果。飞溅屏消失后再出现在主控界面。

6.3.3 把握进度

有时我们总想看看已经经过了多少时间，还有多少时间。通过工具箱里的进度条控件可以直观地感受时间的"流逝"，使用过程如下。

(1) 从工具箱里拖曳一个进度条(ProgressBar)控件到 SplashForm 窗体，创建一个进度条对象 progressBar1。把 progressBar1 摆放到合适的位置，如图 6-32 所示。

(2) 双击窗体，在自动生成的 Load 事件处理程序中添加如下代码(粗体)：

```
private void SplashForm_Load(object sender, EventArgs e)
{
    progressBar1.Maximum = 100;      //设置进度条最大值属性为 100
    progressBar1.Minimum = 0;        //设置进度条最小值属性为 0
}
```

窗体的 Load 事件只在窗体载入时调用一次，适合做初始化工作。这里为进度条设置零值和满值。

(3) 修改计时器的 Tick 方法，代码如下(粗体)：

```
private void timer1_Tick(object sender, EventArgs e)
{
    if (this.Opacity < 1)
        this.Opacity += 0.01;
    else
        this.Close();
    progressBar1.Value = (int)(Opacity * 100);   //给进度条的 Value 属性赋透明度当前值
}
```

现在运行程序，就会根据透明度的变化实时显示飞溅屏淡入的进度，效果如图 6-33 所示。

图 6-32　在飞溅屏添加进度条　　　　　　图 6-33　飞溅屏淡入进度显示

6.4 业 务 窗 口

如果说飞溅屏是庙门，主控界面是庙堂，各业务窗口就是要去烧香的地方。业务窗口体现了软件的价值。本节介绍几个业务窗口的界面设计，包含了工具箱中大部分常用控件的使用方法。

6.4.1 新书到了

现在来设计并实现 6.2.4 节未实现的业务窗体界面，如图 6-34 所示。这个界面共用到了 9 种控件，分别如下。

- 标签(Label)：用于显示提示信息。由于未涉及编写程序代码，标签控件对象均用默认生成的名称。
- 文本框(TextBox)：用于输入书籍号、名称、作者名称。各文本框控件对象分别更名为 txtID、txtName、txtAuthor。
- 下拉框(ComboBox)：用于选择出版社。下拉框控件更名为 cbbPublisher。
- 日期时间选取器(DateTimePicker)：用于选择出版时间。该控件更名为 dttDate。
- 数字增减件(NumericUpDown)：用于增减书价。该控件更名为 numPrice。
- 单选按钮(RadioButton)：用于选择出版地区。各控件分别更名为 rdoLocal(表示大陆本土)、rdoGOT(表示港澳台)、rdoOther(表示其他地区)。
- 图片框(PictureBox)：用于显示图书封面。该控件更名为 picPhoto。
- 树型视图(TreeView)：用于显示图书类别。该控件更名为 trvCategory。
- 按钮(Button)：用于添加或取消当前数据的输入。各控件分别更名为 btnSubmit、btnCancel。

图 6-34　业务窗口设计

这些控件的使用都比较简单，但也有一些较为特别的用法。例如，文本输入框就是用来输入字符串数据的，但它有个 PasswordChar 属性可用于输入密码的场合。将其属性值设置为 "*" 号，以后在输入框中输入的任何字符都显示为 "*"。

有的控件可以在设计时预先输入初始值。例如，单击 PictureBox 控件的 Image 属性值列的按钮，在弹出的"打开"对话框中，可以选择一幅图片显示在该控件里，如图 6-34 所示。PictureBox 控件相当于一个相框，可以在其中随意变更照片。对于 ComboBox 和 TreeView 这样的控件，其初始值主要通过程序加入到控件中，但也可以预先录入部分初始值。在设计时为控件属性赋值，称为"硬编码"。编写程序时，如果以常量的形式为控件的属性赋值，也称为硬编码。硬编码主要用于初始值较为固定的场合，但通常不鼓励硬编码。

单击 ComboBox 控件的 Items 属性值列的按钮，弹出如图 6-35 所示的"字符串集合编辑器"对话框。可以在此输入一些常见的出版社名称，以后运行时，单击 ComboBox 控件下三角按钮，就可以弹出这个字符串集合列表供用户选择。

单击 TreeView 控件的 Nodes 属性值列的按钮，弹出如图 6-36 所示的"TreeNode 编辑器"对话框。可以在此输入一些常见的图书类别，以后运行时，单击 TreeView 控件中的"+""−"按钮，可以展开或收起树叉数据项供用户选择。

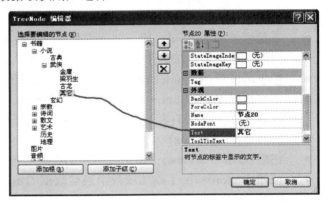

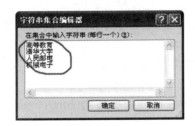

图 6-35　ComboBox 的字符串
　　　　集合编辑器

图 6-36　TreeView 的 TreeNode 编辑器

现在来编写 btnSubmit 按钮的 Click 事件处理代码。双击图 6-34 中的"提交"按钮，在其 Click 事件处理程序代码框架中输入下面的代码(注意是如何使用控件对象的)：

```
StringBuilder sb = new StringBuilder();
sb.Append("您输入的图书信息是：");
sb.Append("\n 书号：" + txtID.Text); ;
sb.Append("\n 书名：" + txtName.Text);
sb.Append("\n 出版社：" + cmbPublisher.Text);
sb.Append("\n 出版日期：" + dttDate.Text); ;
sb.Append("\n 定价：" + numPrice.Text);
sb.Append("\n 作者：" + txtAuthor.Text);
if (rdoLocal.Checked)
sb.Append("\n 地区：" + rdoLocal.Text);
else if (rdoGOT.Checked)
sb.Append("\n 地区：" + rdoGOT.Text);
else
sb.Append("\n 地区：" + rdoOther.Text);
```

```
sb.Append("\n 类别: " + trvCategory.SelectedNode.Text);
MessageBox.Show(sb.ToString(), "请检查",
MessageBoxButtons.OKCancel, MessageBoxIcon.Warning);
```

运行程序，选择"其他"菜单项进入该模块，如图 6-37 所示。

输入或选择数据后，单击"提交"按钮，会弹出图 6-38 所示的对话框(具体内容因输入和选择而异)。

图 6-37　新增业务窗口运行界面　　　　图 6-38　单击"提交"按钮后弹出的对话框

如果要在运行时为控件对象赋初值，可以双击窗体的空白部分，在生成的窗体 Load 事件处理程序代码框架中添加初始化代码。

下面的代码为选择出版社的 ComboBox 对象 cmbPublisher 添加列表项：

```
string[] publishers = { "高等教育", "清华大学", "人民邮电", "机械电子" };
foreach (string p in publishers)
cmbPublisher.Items.Add(p);     //添加下拉列表项
```

注意，像 publishers 这样的数组直接赋常量值，也属于硬编码。这里只是演示用。在实际应用中，publishers 的值应该是从文件或数据库表获取的。硬编码最大的问题是，一旦要修改或添加数据，例如，添加一个新的出版社，就要修改源代码，重新编译和发布。如果数据来源是文件和数据库表，只需在文件或数据库表中修改或添加，这里的下拉列表会实时变成改动后的值，不须修改和重编译源代码。

对 TreeView 来说，编码要麻烦一些。毕竟树型关系比简单的列表要复杂。树有根节点、父节点、子节点、兄弟节点等概念，都用 TreeNode 创建。树有层次结构，TreeView 的 Level 属性用于表示其层次，0 表示根节点，1 表示一级节点，2 表示二级节点，依次类推。同级节点可以用索引(Index)、名称或键(Name)、文本(Text)来区分。用索引区分根节点时，TreeView.Nodes[0]是第一个根节点，TreeView.Nodes[1]是第二个根节点……。用索引区分一级子节点时，TreeView.Nodes[0].Nodes[0] 为第一个根节点的第一个子节点，TreeView.Nodes[0].Nodes[1]是第一个根节点的第二个子节点……。Parent 表示当前节点的父节点。用 SelectedNode 可以设置或获得选定的节点。另外，用 Add 方法可以添加节点，用 Remove 方法可以删除节点，用 Expand 方法可以展开选中的节点，用 ExpandAll 方法可以展开所有的节点，用 Collapse 方法可以折叠所有的节点。

下面的代码为选择书籍类别的 TreeView 对象 trvCategory 添加各层节点：

```
string[,] categories = { { "03", "音频" },
                         { "0301", "音乐" },
                         { "030101", "钢琴曲" },
                         { "030101", "萨克斯" },
                         { "030101", "葫芦丝" },
                         { "0302", "歌曲" },
                         { "030201", "校园" },
                         { "030202", "民谣" },
                       };
for (int i = 0; i < categories.Length/2; i++)
{
TreeNode node = new TreeNode(); //创建节点
node.Name = categories[i, 0];    //节点 Key 值
node.Text = categories[i, 1];    //节点的显示文字
switch (categories[i, 0].Length)  //根据 Key 的长度进行相关处理
{
    case 2:   //添加根节点
        trvCategory.Nodes.Add(node);
        break;
    default: //添加子节点
        int len = categories[i, 0].Length - 2; //取父节点 Key 值长度
        string parentKey = categories[i, 0].Substring(0, len); //取父节点 Key 值
//查找父节点并选择
        trvCategory.SelectedNode = trvCategory.Nodes.Find(parentKey,true)[0];
        trvCategory.SelectedNode.Nodes.Add(node);   //添加选中节点的子节点
        break;
}
}
```

获取数据时，同样应该从文件或数据库表获取。这段代码用二维数组表示树型结构的数据，相当于一个数据字典。其中，第一列表示数据编码，作为树节点的 Key 值，是唯一的；第二列表示数据值，作为树节点的文本值，可以不唯一。

6.4.2 学会选择

人的一生都在选择。今天的生活可能是三年前自己的选择决定的，今天的选择也将影响你三年后的生活。软件中也存在各种各样的选择。如何实现选择呢？

如图 6-39 所示的界面演示了几种常见的用于选择的控件的使用方法。用户可以选择列表中信息，单击 OK 按钮，在下部区域(ListView 控件)把用户的选择列出来，显示时带图标以示美观。用户可以在选择结果列表中删除所选项。为了说明问题，所用到的所有控件都用默认生成的名字以示区别(当然实际开发中不鼓励用默认生成的名字)。

这个界面用到了 6 种控件，2 种组件，1 种容器(Form 除外)。各控件属性和相关事件处理代码(如果有)分别设计如下。

- 列表框(ListBox)：以清单的形式显示信息。单击其 Items 属性值列的按钮，可以在设计时添加清单信息，也可以用 Items 的 Add 方法在事件处理程序中编写代码(初始化数据一般放在窗体的 Load 事件处理程序代码框架中)。形式如下：

listBox1.**Items.Add**("To see the world in a grain of sand(一沙一世界)");

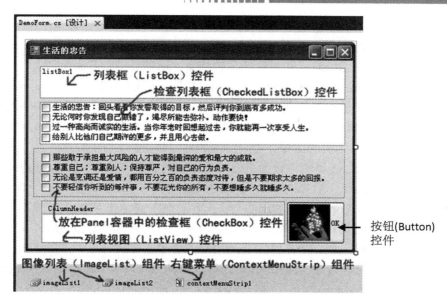

图 6-39　演示选择控件的业务窗体界面

- 检查列表框(CheckedListBox)：带有检查框的 ListBox。使用方法同 ListBox。但有一个重要的属性 CheckedItems，表示选中行的集合，可用于判断用户的选择项。例如：

```
foreach (string str in checkedListBox1.CheckedItems)   //遍历控件中选中的清单项
{
    listBox1.Items.Add(str);   //加入 listBox1 列表控件中
}
```

- 检查框(CheckBox)：用于多项选择。一般会把同一组选项放在一个容器里，如 Panel、GroupBox 等。

- 面板(Panel)：这是一种可以容纳其他控件的容器，一般用于对控件的分组。本例把四个 CheckBox 放在其中，形成一组选项。在编码时，这些控件可以单独用其名字访问，也可以访问 Panel 的控件集合。例如：

```
foreach (Control ctr in panel1.Controls)       //遍历 panel1 里的控件
{
    CheckBox cb=(CheckBox)ctr;       //将其中的控件转换为 CheckBox
    if (cb.Checked)
        listBox1.Items.Add(cb.Text);   //如果用户选中，就加入 listBox1 列表控件中
}
```

- 按钮(Button)：这次给按钮添加一个图像：修改其 Text 属性值；单击 Iamge 属性值列的按钮，选择一个小图像；设置 TextImageRelation 的属性值为 ImageBeforeText。

- 列表视图(ListView)：以视图的形式显示表格式列表。单击其 Columns 属性值列的按钮，在弹出的"ColumnHeader 集合编辑器"对话框中可以编辑列表表头和各列的宽度(单击"添加"按钮添加列后，修改其 Text 和 Width 即可)。利用其 View

属性，可以显示详细信息(Details)，也可以以图标的形式显示(LargeIcon 表示大图标，SmallIcon 表示小图标)。

另外，要实现带图标显示和删除选项的功能，还需要借助几个组件。

- 图像列表(ImageList)：双击工具箱里的 ImageList，选中 imageList1 对象，单击其 Image 属性值列的按钮，在弹出的"图像集合编辑器"对话框中添加图像。修改 ImageSize 属性值为"16,16"，表示小图标。也可以再用 ImageList(imageList2)命令装入稍大一些的图像，把 ImageSize 属性值改为"32,32"。把 listView1 的 SmallImageList 属性值设为 imageList1，把 listView1 的 LargeImageList 属性值设为 imageList2。把 listView1 与 imageList1 和 imageList2 绑定在一起。
- 右键菜单(ContextMenuStrip)：用于当用户右键单击某控件时弹出菜单供用户选择。双击工具箱里的 ContextMenuStrip。选中 contextMenuStrip1 对象，编辑菜单项。这里输入的是"删除"。当用户右键单击 ListView 中的选项时，弹出菜单，单击"删除"按钮，删除选中的所有项。把 listView1 的 ContextMenuStrip 属性值设为 contextMenuStrip1，把 listView1 与 contextMenuStrip1 绑定在一起。

现在来实现 OK 按钮的功能。双击 OK 按钮，在自动生成的 Click 事件处理代码框架中输入下面的代码：

```
foreach (Control ctr in panel1.Controls)   //处理 Panel 容器中的选项
{
    CheckBox cb=(CheckBox)ctr;
    int numb = listView1.Items.Count;   //取 listView 的列表行数
    if (cb.Checked)
    {
        listView1.Items.Add(new ListViewItem(cb.Text));   //添加列表行
        listView1.Items[numb].ImageIndex = 0;             //用第一个图标
    }
}
foreach (string str in checkedListBox1.CheckedItems)   //处理检查列表框里的选项
{
int numb = listView1.Items.Count;
    listView1.Items.Add(new ListViewItem(str));
    listView1.Items[numb].ImageIndex = 0;
}
```

再来实现 contextMenuStrip1 右键菜单对象的"删除"选项的功能。双击"删除"按钮，在自动生成的 Click 事件处理代码框架中输入下面的代码：

```
foreach (ListViewItem itm in listView1.SelectedItems)   //处理所有选中项
{
listView1.Items.Remove(itm);   //删除该项
}
```

至此，选择业务窗口的功能设计完毕。一般来说，为节省时间，在测试期间应将 Program.cs 的语句 Application.Run(new MainForm())中的 MainForm 改为要测试的业务窗口的名字。运行程序，显示如图 6-40 所示界面。

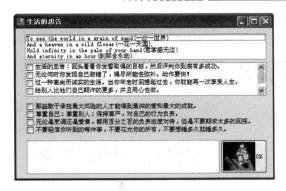

图 6-40　演示选择控件的业务窗体程序运行结果

用户做出选择后，单击 OK 按钮，运行结果如图 6-41 所示。

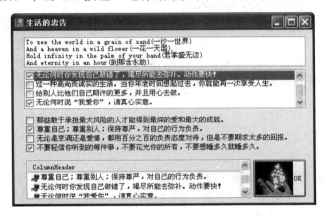

图 6-41　演示选择控件的业务窗体程序选择结果

习　题　6

1. 用 Windows 窗体应用程序项目实现计算器(尽量重用原来的计算代码)。

2. 进行创意活动，模仿"我的百宝箱"实现具有自己特色的飞溅屏、满足需求的主控界面，以及相关的业务功能模块的窗体界面(尽量多地利用工具箱里的控件)。

第7章 数据存储

7.1 文件概念和文件类

Implementing decisions made at meetings of higher-level authorities and contained in the documents they issue does not mean just holding more meetings and issuing more documents.It's no good to just push paper and pay lip service.

——摘自 Report On The Work Of The Government(第 12 届 NPC 第 5 次会议)

这段话是什么意思？"不能简单以会议贯彻会议、以文件落实文件，不能纸上谈兵、光说不练。"当然，这里要说的不是如何翻译的问题，而是文件这个概念。你理解的计算机文件是这句话中所说的文件的含义吗？如果不是，这里的文件与计算机文件有什么区别？

7.1.1 文件释义

"文件"是人们习以为常、非常熟悉的概念。如果用通常的文件含义来理解计算机文件，很容易引起混淆。我国关于"文件"的说法，对应的英文原文是 document。计算机文件对应的单词是 file。即使单纯从计算机的角度理解，两者都是有区别的：

In computing, a **file** is a set of related data that has its own name. A **document** is a piece of text or graphics, for example a letter, that is stored as a **file** on a computer and that you can access in order to read it or change it.

——摘自《柯林斯高阶英汉双解学习词典》

从这段解释可以看出，file 是相关数据的集合，有自己的名字。Document 则是指作为 file 存储在计算机上的一段文字或图形，例如一封信，你可以存取以便阅读或修改。从这里可以看出两者的区别和关系。前者关注的是数据(任何可以存在计算机上的数据)，后者着重的是内容(人们可以阅读或修改)。在计算机行业，前者译为"文件"，后者译成"文档"。请注意计算机业与日常生活工作中用词的区别。

那么到底什么是计算机文件呢？在计算机行业，计算机文件是个外来词汇，先来看看它原本的含义：

A computer file is a computer resource for recording data discretely in a computer storage device. Just as words can be written to paper, so can information be written to a computer file.

——摘自 https://en.wikipedia.org/wiki/Computer_file

计算机文件是一种计算机资源，用于在计算机存储设备中记录离散数据。就像把文字写在纸上那样把信息写到计算机文件里。

可以根据所存储信息的种类将文件划分为不同的类型，例如图片文件、文本文件、视频文件、计算机程序文件等。有的文件可以存储不同种类的信息。一般按数据的存储格式将文件分为文本文件和二进制文件。其中，文本文件一般指的是以 ASCII 字符格式存储数据的文件；二进制文件通常是指按内存数据原样存储的文件。

7.1.2　文件操作流程

文件是存储在计算机外部存储器上的数据集合，只有通过计算机程序才能使用。文件的基本操作如下。

- 创建新文件。
- 改变文件的存取权限和属性。
- 打开文件，以便计算机程序可以使用文件的内容。
- 从文件读取数据。
- 把数据写入文件。
- 关闭文件，取消文件与计算机程序的关联。
- 文件管理，如移动、删除、复制文件。

从用户的角度看，实现文件基本操作的方式有如下三种。

- 使用文件管理程序，如 Windows 的资源管理器、DOS 命令行工具等。用户可以使用这样的文件管理程序直接操作文件，如创建、移动、重命名或删除等。
- 使用实用工具程序，如记事本、Microsoft Word 等。用户可以使用这样的实用工具打开文件、编辑和存储内容、关闭文件等。
- 自己编写程序，对文件进行定制化操作。本章的目的之一就是掌握用.NET 框架提供的文件类对文件进行操作的方法。

下面以记事本的使用为例，介绍文件 I/O(Input/Output，输入输出)流程。

用户一般按如图 7-1 所示的菜单打开记事本软件。

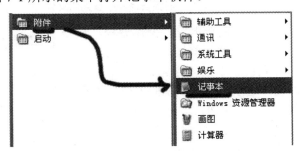

图 7-1　打开记事本

记事本软件运行主界面如图 7-2 所示。

此时，用户就可以在这个主界面中录入数据了。例如，要录入的内容为："两个黄鹂鸣翠柳，一行白鹭上青天。""疏影横斜水清浅，暗香浮动月黄昏。"

录入结果如图 7-3 所示。

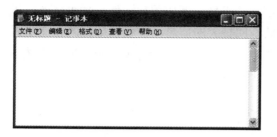

图 7-2 运行中的记事本主界面

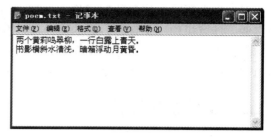

图 7-3 在运行中的记事本主界面中录入数据

显然，录入的数据有错误。可以直接在此界面中修改。例如，把"黄莉"改成"黄鹂"，把"白露"改成"白鹭"，把"书影"改成"疏影"，把"暗箱"改成"暗香"等。

然后，选择"文件"→"另存为"命令来保存这些数据，如图 7-4 所示。

图 7-4 保存文件

注意，数据是存入某个文件的。在"文件名"下拉列表框输入想用的文件名，如 poem(注意保存类型)，单击"保存"按钮，这些数据就保存在磁盘上的 poem.txt 文件中了，如图 7-5 所示。

图 7-5 在文件资源管理器中看到的文件

当然，这是从用户的角度所看到的文件操作流程。要自己编写程序来操作文件，只了解这些显然不够，还需要了解操作系统、理解文件系统、掌握文件 I/O 过程。

我们知道，计算机硬件之上的操作系统的主要功能是对计算机软硬件进行管理，既有 CPU、内存、外部设备这样的"硬"管理，也有数据这样的"软"管理。对数据进行管理的部分称为文件系统。不管用户用哪种方式实现文件的操作，从技术角度看，都必须通过文件系统才行。

文件系统是操作系统的组成部分之一，主要用于组织、命名、存储和操作文件。从内部看，都涉及文件的 I/O 操作。下面再从技术角度来看看"记事本"的使用流程。

用户眼里的"记事本"软件，实际上是存储在磁盘上的可运行文件 notepad.exe。右击"记事本"菜单项，在快捷菜单中选择"属性"选项，弹出如图 7-6 所示的"记事

图 7-6 "记事本 属性"对话框

本 属性"对话框。

可以看到，"记事本"软件的类型是应用程序，该应用程序保存在操作系统的安装目录中(%SystemRoot%\system32\)，文件名是 notepad.exe。exe 扩展名表示这是一个可执行的二进制文件。从内部看，用户上述使用"记事本"的流程如图 7-7 所示。

(1) 用户在系统程序菜单上选择"记事本"菜单项。

(2) 操作系统找到"记事本"菜单对应的应用程序 notepad.exe 文件并载入内存，创建相应的 notepad.exe 进程(可在"Windows 任务管理器"的"进程"清单中看到)，显示编辑主界面。

(3) 用户录入或修改数据。

(4) 进程将用户录入的数据存入内存数据区或从内存数据区取出数据显示给用户。

(5) 当用户选择"保存"或"另存为"选项时，进程把内存数据区的数据取出来，写到外部存储器的空闲区，并在磁盘目录区创建用户取的文件名，代表这个区域。

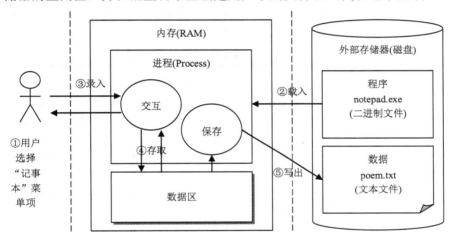

图 7-7 "记事本"软件的使用流程

综上所述，可以这样理解：存在磁盘上的文件(包括程序和数据)是静态的、永久的(只要不删除，物理硬件不损坏)，载入内存的程序(此时称为进程)和数据是动态的、临时的。在突然掉电的情况下，磁盘上的文件还在，内存中的数据则丢失了。这就是为什么要及时保存数据的原因。由此可见，文件 I/O 指的就是数据在外部存储器与内存之间的传输过程。当然，内存中也存在着数据传输，可以理解为文件 I/O 的特例。

7.1.3 .NET 框架的文件类

常言道："一个好汉三个帮。"要做大事，没有帮手是不行的。同理，对文件进行操作，如果有帮手，效率肯定快得多。这些帮手就是.NET 框架中文件 I/O "家族"成员，如图 7-8 所示。.NET 框架中有不少与文件 I/O 相关的类型，如驱动器、目录、文件、流、读写器等，属于 System.IO 名称空间。利用这些类型，可快速开发基于文件的应用软件。熟悉它们，处理文件就会非常轻松。

.NET 框架的
文件类.flv

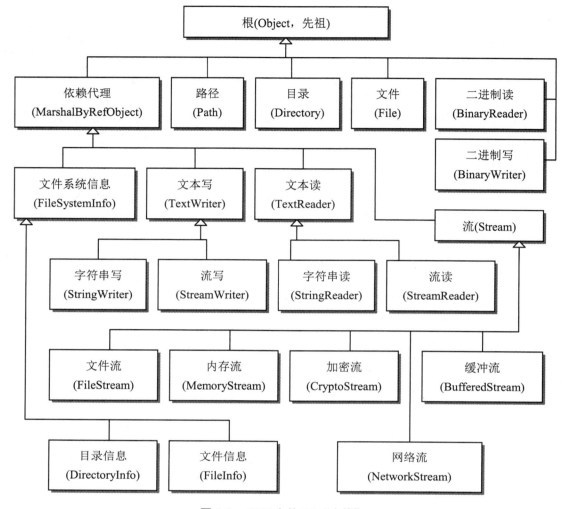

图 7-8   .NET 文件 I/O "家族"

其中，Object 是根，它派生出的 MarshalByRefObject 类可以跨进程、跨网络传输数据，所示非常重要。网络分布式应用程序经常需要跨应用程序域进行对象交互，用 MarshalByRefObject 可简化这种程序的开发。

应用程序域指的是进程所占内存的区域。在域内，对象之间可以直接通信。在域外，对象之间有两种方式通信：一是跨域传输对象副本，二是通过第三方(一般称为代理)交换消息。MarshalByRefObject 是通过使用代理交换消息来跨域进行通信的对象的基类。也就是说，MarshalByRefObject 派生类使用第二种方式，而非 MarshalByRefObject 派生类则使用第一种方式，如图 7-9 所示。

MarshalByRefObject 对象在本地应用程序域的边界内可直接访问(如对象 U 和对象 V 之间的通信)。远程应用程序域中的应用程序首次访问 MarshalByRefObject 时，会向该远程应用程序传递代理(如对象 X 与对象 U 之间的通信)。

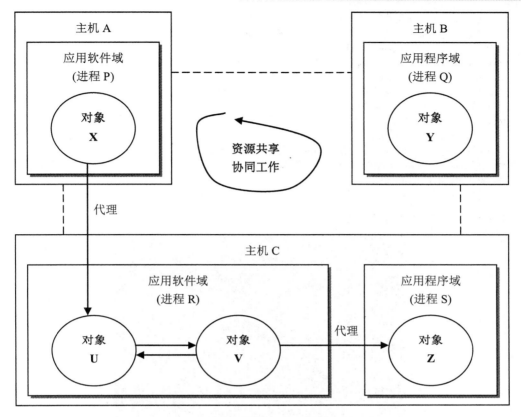

图 7-9　应用程序域的对象通信方式

7.1.4　文件与目录操作

Directory、File、Path 由 Object 直接继承而来，是操作文件夹及文件的静态类，不能实例化。例如，判断文件是否存在，以及复制、删除和移动文件的代码如下：

```
string fileName = @"D:\Atelier\把酒祝东风.txt";     //文件路径和名称
if (File.Exists(fileName))         //判断文件是否存在
{
    File.Copy(fileName, @"D:\poem.txt");     //复制文件
    File.Delete(fileName);                   //删除文件
    File.Move(@"D:\poem.txt", fileName);     //移动文件
}
else
    Console.WriteLine("该文件不存在");
```

用 Directory 类可以判断指定路径是否存在、获取路径、获取文件清单、查找文件等。例如：

```
string path = @"D:\Atelier";     //路径
if (Directory.Exists(path))      //判断路径是否存在
    Console.WriteLine("该路径存在");
else
```

```
        Console.WriteLine("该路径不存在");
    Console.WriteLine("获取并显示指定目录中子目录的名称");
    string[] subdirs = Directory.GetDirectories(path);
    foreach (string str in subdirs)
        Console.WriteLine(str);
    Console.WriteLine("获取并显示指定目录中的文件的名称");
    string[] files = Directory.GetFiles(path);
    foreach (string f in files)
        Console.WriteLine(f);
    Console.WriteLine("获取并显示指定目录中与指定搜索模式匹配的文件的名称");
    string[] txtFiles = Directory.GetFiles(path, "*.txt");
    foreach (string f in txtFiles)
        Console.WriteLine(f);
```

这段代码运行结果如图 7-10 所示。

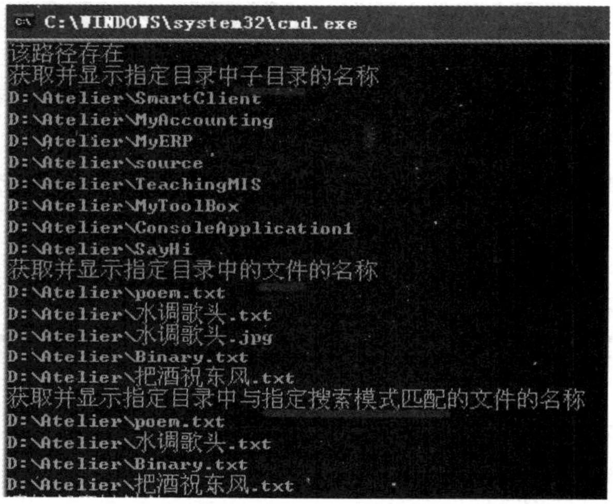

图 7-10　Directory 类例程运行结果(只是特例)

用 Directory 还能轻松操作目录，例如：

```
Directory.CreateDirectory(@"D:\Poetries");   //在 D 盘创建 Poetries 目录
Directory.CreateDirectory(@"D:\Poetries\Tang"); //在 Poetries 下创建子目录 Tang
Directory.Move(@"D:\Poetries\Tang", @"D:\Atelier\Song");   //移动目录
//Song 是新建的目录，Tang 下所有东西都移动到该目录下，Tang 不复存在
Directory.Delete(@"D:\Poetries", true);   //删除目录
```

用 Path 可以解决不同操作系统的文件路径表示的差异问题。例如，Windows 平台的文件路径表示为"盘符:\目录\……\文件名"，而 Linux 平台则表示为"/目录/……/文件名"。用 Path.GetExtension (@"D:\Atelier\poem.txt ")，不管在什么平台上，都可以正确获取文件的扩展名。

由 MarshalByRefObject 的 FileSystemInfo 派生而来的 DirectoryInfo、FileInfo 与 Directory、File 类似，但可以跨进程、跨网络操作。它们不是静态类，需要实例化，在实例化时关联一个文件夹或文件。例如：

```
DirectoryInfo di = new DirectoryInfo(@"D:\Poetries\Song"); //创建对象
```

```
if (di.Exists)    //判断 D:\Poetries\Song 是否存在
{
    di.MoveTo(@"D:\Tang");    //将 D:\Poetries\Song 中的东西移到 D:\Tang
    di.Delete();    //删除 D:\Poetries 中的 Song 子目录
}
```

另外，还有一个密封类 DriveInfo 可用来获取驱动器信息，例如：

```
DriveInfo[] drvs = DriveInfo.GetDrives();    //获取所有驱动器信息
foreach (DriveInfo di in drvs)    //循环显示驱动器信息
{
Console.WriteLine(di.Name + "-" + di.DriveType);    //驱动器名称和类型
    if (di.IsReady == true)
    {
        Console.WriteLine(di.VolumeLabel);    //驱动器卷标
        Console.WriteLine(di.DriveFormat);    //驱动器格
        Console.WriteLine(di.AvailableFreeSpace);    //可用空间
        Console.WriteLine(di.TotalFreeSpace);    //总可用空间
        Console.WriteLine(di.TotalSize);    //容量
    }
}
```

7.1.5　文件的读写操作

.NET 框架的文件 I/O 涉及的文件类型有两种。

(1)　文本文件类(以 Text 做前缀)：以 ASCII 码形式存储数据的文件。

(2)　二进制文件类(以 Binary 做前缀)：以二进制形式存储数据的文件。

例如，对于 516，两种存储格式如图 7-11 所示。

注：图中数字后的 H 是数字的十六进制表示。35H 表示字符 5 的 ASCII 码。

图 7-11　文本文件和二进制文件存储格式示意

当按文本格式存储时，为每个数字的 ASCII 码值逐一分配存储空间，需要 3 个字节。按照二进制格式存储，分配 2 个字节的空间就够了。

数据流动的方向也有两种。

(1)　输入流或读出流(类名有 Reader)：数据从外部源端(文件、网络等)流向内存。

(2)　输出流或写入流(类名有 Writer)：数据从内存流向外部(文件、网络、打印等)。

非 MarshalByRefObject 派生的 BinaryReader、BinaryWriter，都用于对二进制文件进行操作，前者从文件读取数据，是输入流；后者把数据写到文件，是输出流。例如：

```
string fileName = @"D:\Atelier\Binary.txt";    //文件名
//创建 BinaryWriter 对象 bw，模式为创建
```

```
BinaryWriter bw = new BinaryWriter(File.Open(fileName, FileMode.Create));
bw.Write(516);        //把 516 值写到文件中
```

这段代码把数值 516 以二进制的形式写到 D:\Atelier 目录下的 Binary.txt 文件中。

运行这段代码后，Binary.txt 文件中存储的数组 516 是二进制格式的。

用记事本打开 Binary.txt 文件，显示的是"乱码"。用 debug 调试工具，显示如图 7-12 所示。可见，Binary.txt 文件中存储的是 04H 和 02H 两个字节，即 0204H，转换成 10 进制就是 516(= 2 * 16 * 16 + 4)。

从 MarshalByRefObject 的 TextReader 和 TextWriter 派生而来的 StreamReader、StringReader、StreamWriter、StringWriter 都用于对文本文件进行操作，前两个是输入流，后两个是输出流。例如：

```
string fileName = @"D:\Atelier\Binary.txt";
StreamWriter sw = new StreamWriter(fileName);    //创建 StreamWriter 对象 sw
sw.Write(516);        //把 516 值写到文件中
sw.Flush();           //清理缓冲区并把缓冲区数据写到基础流
```

运行这段代码后，Binary.txt 文件中存储的数组 516 是文本格式的。

用记事本打开 Binary.txt 文件，显示的是 516。用 debug 调试工具，显示结果如图 7-13 所示。可见，Binary.txt 文件中存储的是 35H、31H 和 36H 三个字节，分别是字符 5、1、6 的 ASCII 码。

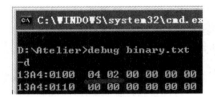

图 7-12　文件中二进制格式的数据

图 7-13　文件中文本格式的数据

7.1.6　数据的流动

万流归宗。人生三大问题：我是谁？从哪儿来？到哪儿去？在这里同样适用。流动的是谁？是数据。数据从哪儿来？从源头来。数据要到哪儿去？要去目的地。源头和目的地就是数据流的两端。

计算机内，数据是比特，看不见，摸不着，只能展开想象的翅膀。可以把数据想象成水，把水流的两个端点(源头和目的地)想象成不同类型的蓄水池，连接蓄水池的是水渠或水管。利用 Stream 就可以派生出许多这样的数据管道，其目的就是要解决在不同类型端点之间的数据传输问题。

根据数据管道两头端点所在的位置或对数据在传输过程中所进行的加工处理，把 Stream 划分为文件流、内存流、缓冲流、网络流、加密流等。Stream 派生的几种流如表 7-1 所示。

文件流类.mp4

表 7-1 Stream 派生类

类型名称	主要用途	传输端介质
MemorySteam	读写内存数据	内存——内存
FileStream	读写磁盘上的文件	内存——外部存储器
BufferStream	读写缓冲区	内存——内存(可跨进程或设备)
NetworkStream	读写网络数据	基于网络
Crypto	对传输的流进行加密传输	

其中，FileStream 能对文本文件和二进制文件进行打开、关闭、读取、写入等操作，支持对文件的同步和异步操作。创建 FileStream 对象的参数有 File(文件)、FileMode(打开模式)、FileAccess(存取模式)、FileShare(共享访问)等。其中，File 用于指定文件的路径；FileMode 用于说明文件是新建、打开、追加还是覆盖，如表 7-2 所示；FileAccess 非必选项，有 Read(只读)、Write(只写)、ReadWrite(可读写)等选项，默认是 ReadWrite；FileShare 也是可选项，有 Inheritable(继承)、None(独占)、Read(只读)、ReadWrite(读写)、Write(写)等选项，默认为 Read。

表 7-2 文件打开模式(FileMode)

模　式	说　明
Create	创建文件，如果已有文件，则覆盖它
CreateNew	创建新文件
Open	打开文件
OpenOrCreate	打开文件，如果文件不存在就创建它
Append	以追加方式打开文件
Truncate	以剪切方式打开文件

利用 FileStream 操作文件，首先要初始化 FileStream，设置打开方式和访问模式以及共享方式，然后对文件进行读写操作。操作完成之后，要关闭 FileStream，释放资源。

7.2　"我的百宝箱"中的文件处理

用.NET 框架的文件 I/O 类易于实现第 6 章"我的百宝箱"的文件打开、关闭、加密、解密等功能。本节介绍 FileStream、StreamReader、StreamWriter 等常用类的实际应用。

连连看需求.mp4

读取文件内容.mp4

写数据到文件.mp4

删除文件内容.mp4

7.2.1　文件的打开和保存

回到"我的百宝箱"设计，其主控窗体 MainForm 中关于文件的菜单项如图 7-14 所示。

图 7-14　文件菜单项

现在要实现新建、打开、保存文件，下一小节介绍如何对文件进行加密和解密。

从工具箱添加 OpenFileDialog 和 SaveFileDialog 组件到主窗体，前者是打开文件对话框，后者是保存文件对话框。名字用默认的 openFileDialog1 和 saveFileDialog1。

从工具箱拖曳一个 TextBox 控件，更名为 txtBox，调整大小。该控件用于存放、显示、编辑打开文件的内容。设置其 Multiline 属性值为 True，表示可以多行显示；设置其 ScrollBars 属性值为 Both，表示显示上下和左右滚动条。

双击"文件"菜单下的"新建"菜单项，在自动生成的 Click 事件处理程序代码框架中输入"txtBox.Text =""";"语句，清空控件内容，表示"新建"。

双击"文件"菜单下的"打开"菜单项，在自动生成的 Click 事件处理程序代码框架中输入以下语句：

```
//设置打开文件对话框的过滤器，表示在对话框中只列出文本文件
openFileDialog1.Filter = "文本文件(*.txt)|*.txt";
//显示打开文件对话框，当用户选择文件并按【打开】按钮就打开文件
if (openFileDialog1.ShowDialog().Equals(DialogResult.OK))
{
//下面语句中的第一个参数表示用户选择的文件名，第二个参数为文本编码
StreamReader reader = new StreamReader(openFileDialog1.FileName,
    System.Text.Encoding.Default);
StringBuilder sb = new StringBuilder();
    while (reader.Peek() >= 0)    //如果未到文件尾，继续读取文件行
    sb.AppendLine(reader.ReadLine());    //读取文件行加入 sb，构造字符串
    txtBox.Text = sb.ToString();    //把读取的文件内容放到 TextBox 控件显示
    reader.Close();    //关闭读入流对象
}
```

运行程序，选择"文件"→"打开"命令，进入这段代码。当执行第二句中的 openFileDialog1.ShowDialog()方法时，出现如图 7-15 所示的"打开"对话框。注意，图 7-15 中只显示文本文件(即扩展名为 txt 的文件)是因为这段代码中第一句设置所限。

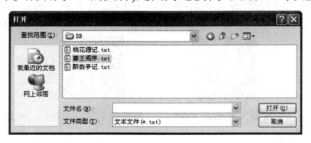

图 7-15　"打开"对话框

用户选择文件，例如"滕王阁序.txt"，单击"打开"按钮，返回值是 DialogResult 的枚举值 OK。

条件满足，进入 if 语句体执行：先用 StreamReader 创建读入流对象，参数为打开文件框对象的文件名(FileName)属性值和文本编码。文本编码涉及中文的正常显示问题。可以试试其他几种编码，做个比较。打开文件后，把文件内容读入到构建字符串的对象 sb 中。最后赋值给 txtBox 控件，即可把文件内容显示出来，如图 7-16 所示。

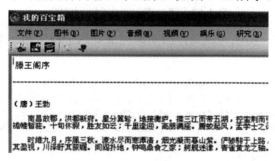

图 7-16 显示打开后的文件内容

回到程序设计界面，双击"文件"菜单下的"保存"菜单项，在自动生成的 Click 事件处理程序代码框架中输入以下语句：

```
saveFileDialog1.Filter = "文本文件(*.txt)|*.txt";
if (saveFileDialog1.ShowDialog().Equals(DialogResult.OK))
{
    FileStream fs = new FileStream(saveFileDialog1.FileName,
                        FileMode.OpenOrCreate, FileAccess.Write);
    StreamWriter writer = new StreamWriter(fs, System.Text.Encoding.Default);
    writer.Write(txtBox.Text);
    writer.Close();
}
```

这段代码用于把 txtBox 控件中的内容(Text 属性值)保存到用户在"保存"对话框指定的文件中。

7.2.2 文件的加密与解密

所谓文件的加密，就是把文件打开后，对其内容按一定的规则进行变换，打乱原来的编码再存储起来。这样的文件打开后显示的就是"乱码"，无法正常阅读。

实现文件的加密或解密，需要打开文件、读出内容、对内容进行变换、保存文件等过程。较为简单的变换是对文件内容与密码值进行异或操作。例如，现有一个名为"水调歌头.txt"的文本文件，用记事本打开后，其内容如图 7-17 所示。

文件的加密与
解密.mp4

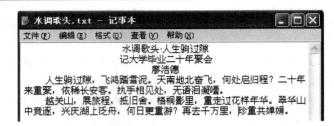

图 7-17　要加密的文本文件的内容

现在编写一个程序，实现对该文件的简单加密。这个程序用 FileStream 辅助实现，代码如下：

```
string fileName = @"D:\Atelier\水调歌头.txt";   //文件的路径和名称
//用 FileStream 创建一个文件流对象 fs，模式为打开，存取方式为只读
FileStream fs = new FileStream(fileName, FileMode.Open, FileAccess.Read);
byte[] buf = new byte[fs.Length];   //申请一个缓冲区，空间大小就是文件的大小
fs.Read(b,uf 0, b.Length);     //将文件的全部内容读入缓冲区
fs.Close();     //关闭文件流对象
for (int i = 0; i < buf.Length; i++)   //循环
buf[i] ^= 8;     //处理缓冲区的内容
//再次用 FileStream 创建一个文件流对象 fs，模式为创建，存取方式为只写
fs = new FileStream(fileName, FileMode.Create, FileAccess.Write);
fs.Write(buf, 0, b.Length);   //把处理后的缓冲区内容写到文件中
fs.Close();   //关闭文件流对象
```

运行这段代码，新创建的文件与原文件同名，覆盖原文件。用记事本再次打开该文件，显示内容如图 7-18 所示。显示的是"乱码"，可见实现了文件加密。

这个加密算法非常简单，核心是 buf[i] ^= 8。即对原字节进行了异或操作，内容发生了变化，不是原来的数据，所以显示出来的信息是没有规律的，呈"乱码"状。另外要注意的是，由于采用的是异或操作，当再次运行此程序时(不做任何改变)，文件会恢复成原来的样子，实现了文件的解密。所以这个程序同时实现了加密和解密功能。

当然，这个程序同样适用于二进制文件的加密。例如，有一个名为"水调歌头.jpg"的图片，打开后如图 7-19 所示。

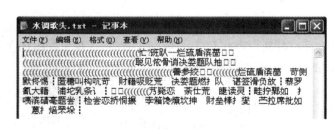

图 7-18　加密后的文本文件的内容

图 7-19　要加密的图片文件的内容

把加密程序中的语句"string fileName = @"D:\Atelier\水调歌头.txt";"里的文件名换成"水调歌头.jpg"。运行程序后，这个图片文件就无法正常打开了，如图 7-20 所示。

图 7-20 加密后的图片文件不能正常打开

当然，这是硬编码形式的实现，每当要加密的文件名、密码变了，都要改源程序代码，重新编译运行，不灵活。

现在来设计一个加密界面，如图 7-21 所示。这个界面用工具箱里的 GroupBox 容器控件创建了分组框对象 groupBox1。其中，容纳了用于输入或从打开文件对话框选择返回的文件名的 TextBox 控件，更名为 txtFileName；用于输入密码的 TextBox 控件，更名为 txtPsw，密码字符属性(PasswordChar)属性设置为"*"；用于显示加密或解密进度的进度条控件为 progressBar1。还有用于打开文件对话框、开始加密、退出的按钮，以及一个用于提示加密或解密是否成功的 Label 标签(放在进度条下方)，更名为 lblMsg。

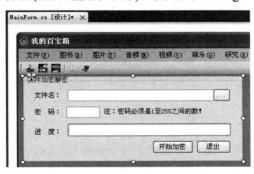

图 7-21 加密、解密界面设计

这个界面只有在用户选择"文件"→"加密"或"解密"命令时才显示，所以要把分组框对象 groupBox1 的 Visible 属性值设置为 False。用户选择"加密"或"解密"命令，用代码把 groupBox1 的 Visible 属性值改为 True 即可显示这个界面。用户选择要加密的文件和密码后，单击"开始加密"按钮(或"开始解密"，是同一个按钮)即开始加密(或解密，进度条显示加密或解密进度)。单击"退出"按钮，再把 groupBox1 的 Visible 属性值设置为 False，隐藏该界面。

双击"文件"→"加密"命令，在自动生成的 Click 事件处理程序代码框架中输入以下语句：

```
button1.Text = "开始加密";      //切换按钮的文字显示为"开始加密"
txtFileName.Text = "";          //清空文件名输入框的内容
txtPsw.Text = "";               //清空密码输入框的内容
lblMsg.Text = "";               //清空提示信息的内容
progressBar1.Value = 0;         //进度条初始化为 0
groupBox1.Visible = true;       //显示加密界面
```

双击"文件"→"解密"命令，在自动生成的 Click 事件处理程序代码框架中输入以下语句：

```
button1.Text = "开始解密";        //切换按钮的文字显示为"开始解密"
txtFileName.Text = "";            //清空文件名输入框的内容
txtPsw.Text = "";                 //清空密码输入框的内容
lblMsg.Text = "";                 //清空提示信息的内容
progressBar1.Value = 0;           //进度条初始化为 0
groupBox1.Visible = true;         //显示加密界面
```

由于加密和解密算法一样，所以两者共用一个界面。前面这两段代码除了第一句，其他都一样。在控件比较多的场合，一般会专门设计一个方法用于初始化控件，供其他方法调用。

双击加密或解密界面中文件名输入框旁边的按钮，在自动生成的 Click 事件处理程序代码框架中输入以下语句：

```
if (openFileDialog1.ShowDialog().Equals(DialogResult.OK))
{
    txtFileName.Text = openFileDialog1.FileName;
}
else
    txtFileName.Text = "";
```

这句代码把用户选择的文件名放到文件名输入框中。

双击加密或解密界面中的"开始加密"按钮，在自动生成的 Click 事件处理程序代码框架中输入以下语句：

```
//先判断输入的密码格式是否有问题
byte psw = 0;        //psw 用于存放用户输入的密码
if (!byte.TryParse(txtPsw.Text.Trim(), out psw))    //判断输入的密码是否在 1～255 之间
{
MessageBox.Show("密码必须是 1 至 255 之间的数字！",
"密码格式错误",
MessageBoxButtons.OK, MessageBoxIcon.Error);
return;
}
//下面开始加密或解密
//用 FileStream 创建一个文件流对象 fs，模式为打开，存取方式为只读
FileStream fs=null;
try
{
    fs = new FileStream(txtFileName.Text, FileMode.Open, FileAccess.Read);
    byte[] buf = new byte[fs.Length];    //申请一个缓冲区，空间大小就是文件的大小
    fs.Read(buf, 0, buf.Length);         //将文件的全部内容读入缓冲区
    fs.Close();    //关闭文件流对象
    progressBar1.Maximum = buf.Length - 1;
    progressBar1.Minimum = 0;
    for (int i = 0; i < buf.Length; i++)    //循环
    {
        buf[i] ^= psw;        //处理缓冲区的内容
        progressBar1.Value = i;
```

```
    }
    //再次用 FileStream 创建一个文件流对象 fs，模式为创建，存取方式为只写
    fs = new FileStream(txtFileName.Text, FileMode.Create, FileAccess.Write);
    fs.Write(buf, 0, buf.Length);    //把处理后的缓冲区内容写到文件中
    lblMsg.Text = "操作成功！";
}
catch (Exception msg)
{
    lblMsg.Text = "操作失败！";
    MessageBox.Show(msg.ToString(),"错误原因",
    MessageBoxButtons.OK, MessageBoxIcon.Error);
}
finally
{
if(fs!=null)
        fs.Close();    //关闭文件流对象
}
```

这段代码是对前面硬编码实现方式的改进。首先，文件名和密码是用户自己选的，不再是直接写在代码里(例如，从"buf[i] ^= 8;"变为"buf[i] ^= psw;")。其次，进度指示能提升用户体验。最后，用 TryParse 和 Try 语句增强了容错能力。请对比这种软编码与硬编码实现的不同之处，充分理解实例化程序设计中应注意的地方，如用户交互的灵活性、易用性、容错能力等。

7.2.3　自动调整文本显示控件的大小

如果主控窗体的 WindowState 属性值设置为 Maximized，程序运行后，主控窗体将占据整个屏幕。此时，原先调整好的布局有可能被打乱。因此，一般会在窗体的 Load 事件处理程序中做一些调整工作。例如，用于显示打开文件内容的 txtBox 控件的宽度、高度等属性都应该做调整，以随着主控窗体而改变。代码如下：

```
txtBox.Top = ClientRectangle.Top + 50;
txtBox.Left = ClientRectangle.Left + 4;
txtBox.Width = ClientRectangle.Width - 8;
txtBox.Height = ClientRectangle.Height - 74;
```

这段代码中的 ClientRectangle 是客户矩形区类，表示除了标题栏之外的工作区部分。用代码调整 txtBox 的左上角(Top，Left)、高度(Height)、宽度(Width)，使之适应工作区的最大化。

同理，用于设计加密或解密界面的容器对象 groupBox1 的位置也应该随着主控窗体的变化而改变。例如：

```
groupBox1.Top = (this.Height - groupBox1.Height) / 2;
groupBox1.Left = (this.Width    - groupBox1.Width) / 2;
```

这段代码的目的是调整 groupBox1 对象左上角的坐标，大致在主控窗口的中央位置。

现在，又会出现新的问题。如果把主控窗体缩小，txtBox 和 groupBox1 不会随着窗体的缩小而变化。这主要是因为窗体的 Load 只在程序载入时运行一次。由此可以想到，窗体既然发生了变化，那么应该有变化事件。是的，就是重置大小(Resize)事件。只要双击窗体

的 Resize 事件，把上面调整大小和位置的代码放到自动生成的事件处理程序代码框架中，就可以解决这一问题：控件的大小或位置会随着窗体的伸缩而改变。

7.3 数据库和数据库设计

数据库(database)的概念很简单，可以把它想象成现实世界中的"仓库"，只不过它存储的是数据。现实世界的仓库涉及仓库本身、各种仓库管理工具，以仓库保管员等。数据库一样会包含数据库本身、数据库管理工具，以及数据库管理员等。数据库本身只是一个文件，文件里存储的数据都是有组织结构的，或线性，或层次，或网状。当前应用比较多的是线性结构，称为关系型(relational model)数据库。数据库管理员用数据库管理工具来管理数据库，包括数据的增加、删除、修改、查询、统计等。本节学习一些数据库方面的基本知识，以便能进行简单的基于数据库的应用开发。

7.3.1 数据库概念

Formally, a "database" refers to a set of related data and the way it is organized. Access to this data is usually provided by a "database management system" (DBMS) consisting of an integrated set of computer software that allows users to interact with one or more databases and provides access to all of the data contained in the database. ... "Database system" refers collectively to the database model, database management system, and database..

——摘自 https://en.wikipedia.org/wiki/Database

这段文字提及几个非常重要的概念。这些概念之间的关系如图 7-22 所示。

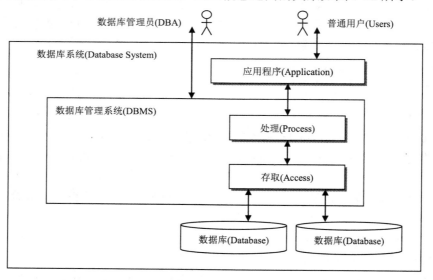

图 7-22　数据库系统构成

首先是 database，即数据库，指的是"一组相关的数据及其组织方式"。

其次是 database management system，即数据库管理系统，简称 DBMS。数据库里的数据就是用它来存取的。DBMS 由一套集成的计算机软件构成。用户可以用这些软件与一至多个数据库交互，以存取数据库中的数据。

最后是 Database system，即数据库系统，包括数据库、DBMS 和数据库模型。

数据库模型是数据模型的类型。数据模型决定了数据库的逻辑结构，以及数据的存储、组织和操作方式，如层次(Hierarchical)、网状(Network)、关系(Relational)、对象(Object)等模型。目前常用的是关系模型，这是一种表格格式的模型。

当前比较流行的 DBMS 有 MySQL、PostgreSQL、MongoDB、MariaDB、Microsoft SQL Server、Oracle、Sybase、SAP HANA、MemSQL、SQLite 和 IBM DB2 等。桌面应用程序一般使用 Microsoft 的 Access 或 SQL Server 对数据进行管理。

DBMS 一般都会提供以下几种主要的功能。

- 数据定义(Data definition)：创建、修改和删除用于明确数据结构的定义。
- 更新(Update)：增加、修改和删除实际的数据。
- 检索(Retrieval)：直接向用户输出有用的信息，或由其他应用程序做进一步加工处理后再向用户提供信息。换句话说，检索的数据可以是数据库的原始数据，也可以是将原始数据经组合、修改后的新数据。
- 管理(Administration)：注册和监控用户、强化数据安全、监测性能、维护数据完整性、处理并发控制、恢复因系统故障等意外事件所损坏的信息等。

DBMS 为数据库的数据提供了三种视图(view)，如图 7-23 所示。其中，外模式也称为用户视图(User View)，是指每种用户"看"到的数据库中的数据组织(对于同一个数据库，低层工作人员和高层管理者能看到的数据显然是不同的)；概念模式将各种外部视图整合为统一的全局视图，是所有的外部视图的合成(这是数据库应用程序开发人员和数据库管理员眼中的视图，普通用户看不到)；内模式也称物理视图(Physical View)，是 DBMS 中数据的内部组织，涉及成本、性能、可伸缩性等。这三种模式之间需要进行相应的转换，称为映射。

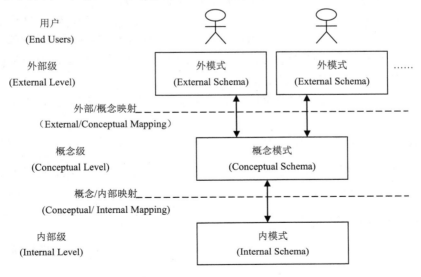

图 7-23　三层模式体系结构

7.3.2 数据库的设计

数据库的设计一般要经历三个阶段。

1. 概念(conceptual)设计

这一阶段的主要任务是设计要存入数据库的信息的结构。

设计师一般借助绘图工具开发 E-R(Entity - Relationship，实体关系)模型或用 UML(Unified Modeling Language,统一建模语言)建模。例如,书籍的 E-R 模型可能如图 7-24 所示。

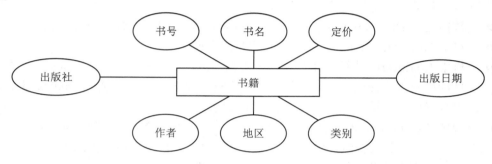

图 7-24　数据实体关系

一个良好的数据模型应该能准确地反映现实世界的状态。例如，在进行图书管理时，如果书籍有多个号码，数据模型就应该反映这些信息。

2. 逻辑(logical)设计

这个阶段的任务是将概念数据模型转换成模式(schema)。

该过程常被称为逻辑数据库设计，设计的结果是以模式表示的逻辑数据模型。概念数据模型独立于数据库技术,逻辑数据模型则与所选的 DBMS 所支持的具体数据库模型有关。数据模型和数据库模型这两个术语经常混用。一般来说，数据模型主要用于具体数据库的设计，数据库模型主要指表达设计的建模符号。

目前常见的通用数据库的数据库模型是关系模型。例如，图 7-24 的 E-R 模型经过逻辑设计后的关系模式为：

书籍(<u>ISBN</u>，书名，出版社，出版日期，定价，作者，地区，类别，封面)

其中，书籍是关系名，圆括号里是书籍的属性，带下画线的 ISBN 表示主键，而封面是根据实际需求新添加的属性。

3. 物理(physical)设计

这个阶段的任务是综合考虑性能、可扩展性、恢复、安全等因素并做出决策，通常称为物理数据库设计。

该阶段的关键目标是数据的独立性问题，包括物理数据独立性和逻辑数据独立性。物理设计主要基于性能需求进行，也需要对预期载荷、存取模式，以及选定的 DBMS 的特性

都有深入的了解。安全性也是物理设计阶段的重要任务，包括定义数据库存取控制和数据本身的安全级别。

表 7-3 是基于 Microsoft Access 对书籍关系模式进行物理设计后的关系表。

表 7-3　Books

序　号	字段名称	数据类型	字段大小	约　束	说　明
1	id	文本	18	主键	ISBN
2	name	文本	6		书名
3	Publisher	文本	8		出版社
4	date	日期	日期/时间		出版日期
5	price	数字	字节型		定价
6	author	文本	6		作者
7	area	文本	10		地区
8	category	文本	50		类别
9	photo	二进制	OLE 对象		封面

7.3.3　数据库的创建

一般情况下，小型应用系统用 Microsoft Access 作为 DBMS 对数据进行管理。安装微软的 Office 软件时，可以选择安装 Access。下面以 Access 2003 版为例介绍如何创建数据库和数据表，以及管理和维护数据。

1. 创建数据库

运行 Access 2003 后，选择"文件"→"新建"菜单命令，弹出"新建文件"列表，其中有一项是"空数据库"，如图 7-25 所示。

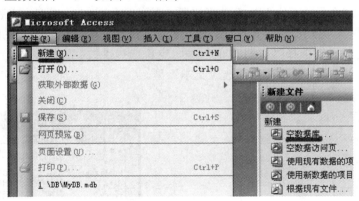

图 7-25　新建数据库

选择"空数据库"选项，在弹出的"文件新建数据库"对话框中，给文件取个合适的名字，如 MyFavorite，选择数据库文件的"保存位置"，如"D:\DB"子目录，单击"创建"

按钮，即可完成数据库文件的创建。此时在标题栏会显示新创建的数据库名，如图 7-26 所示。

2. 创建和维护数据表

双击"使用设计器创建表"，出现如图 7-27 所示设计数据表的界面。

在图 7-27 中可以编辑数据表的各字段。在"字段名称"列输入表的列名，在"数据类型"列设置该列存储值的数据类型，在"说明"列输入该列的备注信息。在编辑某字段时，单击"数据类型"列，会弹出如图 7-28 所示的类型选项供选择。

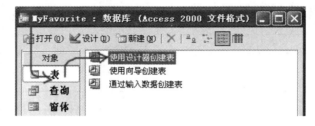

图 7-26　数据库对象

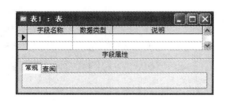

图 7-27　新建数据表

图 7-28　数据类型选项

在下方"字段属性"区域的"常规"页输入该列的属性，如图 7-29 所示是文本类型对应的属性。其他类型的属性不尽相同。

例如，要存储"我的百宝箱"的书籍信息，需要保存 ISBN、书名、出版社、出版日期、定价、作者、地区、类别、封面等数据。按照表 7-3 设计完成书籍表字段的编辑，如图 7-30 所示。其中，出版日期选择"日期/时间"型、定价选择"数字"型(大小选"单精度型")、封面选择"OLE 对象"型，其他都选"文本"型。

图 7-29　文本型字段的常规属性选项

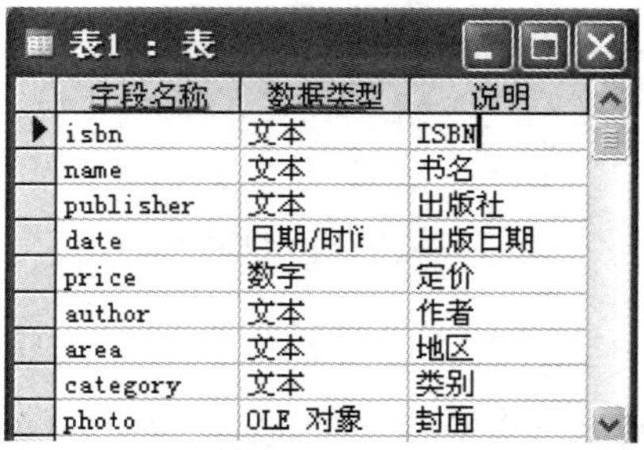

图 7-30　"我的百宝箱"书籍表字段编辑结果

另外，数据表必须有一个字段作为主键以唯一识别记录。例如，把书号作为主键，右击 ISBN，在快捷菜单中选择"主键"选项，ISBN 即成为主键(该行前面出现钥匙图标)，如图 7-31 所示。

利用该快捷菜单还可以插入、删除、复制或粘贴字段。

输入所有字段后，单击"存储"按钮，在弹出的"另存为"对话框中输入表名称，如 Books，单击"确定"按钮，即完成数据表的创建工作。

右击所创建的表名，在快捷菜单中选择"设计视图"选项，再次进入表设计界面，可对数据表进行维护，如添加、修改、删除字段及其属性。

图 7-31　字段编辑时的右键
快捷菜单项

3. 录入和维护数据

作为数据库管理员，可以利用 DBMS 提供的功能直接向数据库里输入数据(称为记录)。对于软件开发人员来说，一般也会预先录入部分初始数据或测试数据。

双击所创建的数据表名，出现如图 7-32 所示的数据维护界面。

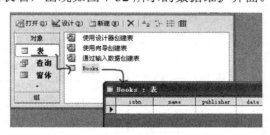

图 7-32　数据维护

可以直接在表格单元中输入数据(输入数据的数据类型和宽度要符合设计要求)。右键单击某行，可以删除该行记录，还可以复制和粘贴记录。录入的部分数据如图 7-33 所示。

图 7-33　数据录入

ADO.NET.mp4

7.3.4 ADO.NET "家族" 一览

数据库有了，也创建了存储数据的表，如何用程序代码来存取数据呢？这就需要用 ADO.NET "家族" 成员了。

.NET 框架提供了不少与数据库相关的类型，如数据库连接、数据命令、数据集、数据表、记录等。这些类型在 System.Data 名称空间中。利用这些类型，可快速开发基于数据库的应用软件。

.NET 提供的这套数据库访问机制称为 ADO.NET，包括数据提供程序(Data Provider)和数据集(DataSet)两大类，如图 7-34 所示。

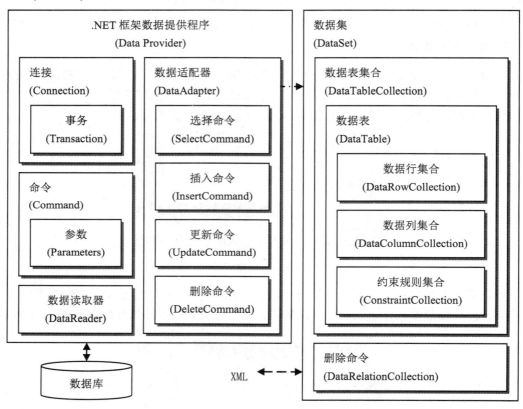

图 7-34　ADO.NET 结构

也就是说，用 ADO.NET 开发的应用程序，有两种方式来存取数据库中的数据，如图 7-35 所示。

基于 Data Provider 的方式称为联机存取，基于 DataSet 的方式称为脱机存取。前者必须一直连着数据库，后者则是可以一次性取出数据后断开连接。DataSet 相当于应用程序和数据库之间的一个缓冲区，可以从各种数据源获得数据，再作为独立的数据源为应用程序提供数据服务。一旦取得数据，就可以断开与数据库的连接，有需要时再将有变动的数据更新到数据库。这一方面减少了访问数据库的网络开销，另一方面也大幅度提升了数据的

处理效率(DataSet 在内存，存取速度显然比频繁访问外存数据库快得多)。

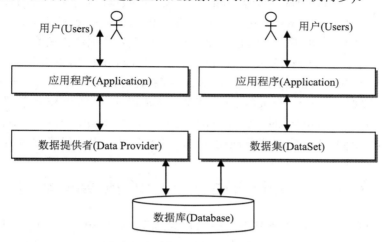

图 7-35　应用程序访问数据库的方式

一般来说，在存取数据量小的情况下用 Data Provider 方式；大批量数据的处理或频繁地使用数据时用 DataSet。

Data Provider 支持对多种异构数据库的访问，如表 7-4 所示。

表 7-4　Data Provider 支持的异构数据库

Data Provider	支持的数据库类型
System.Data.Common	Data Provider 共享的类
System.Data.ODBC	ODBC 数据源，如 Access、SQL Server、Oracle 等
System.Data.OleDb	OleDb 数据源，如 Access
System.Data.SqlClient	SQL Server 数据源
System.Data.Oracle	Oracle 数据源
Oracle.DataAccess.Client	Oracle 原厂商的 Oracle 的 Data Provider

Data Provider 提供的类型的作用如表 7-5 所示。

表 7-5　Data Provider 的主要类型的作用

类　型	译　名	作　用
Connection	连接	提供与数据源的连接
Command	命令	为数据源提供 SQL 命令
DataAdpater	数据适配器	配合 DataSet 实现数据的存取和转换操作
DataReader	数据读取器	对数据源进行读操作
Transaction	事务	支持数据库的事务操作
Parameter	参数	提供 SQL 命令和存储过程的输入输出参数
Exception	异常	数据源错误操作
Error	错误	数据源返回的警告和错误

DataSet 由 DataTable 组成。DataTable 是用来存放数据的数据表，DataTable 之间可以通过 DataRelation 和 Contraints 来建立表关系和约束。DataTable 对象可独立于 DataSet 作为.NET 程序的数据源，也可作为 DataSet 的一部分构建有数据约束关系的数据源提供给程序。DataTable 对象由 DataTableCollection 管理。DataTable 对象在逻辑结构上由多个 DataColumn 对象组成，DataColumn 定义 DataTable 数据表的列的形式，这些 DataColumn 组成 DataTable 数据表的架构。DataColumn 对象由 DataColumnCollection 管理。在 DataTable 中数据的组成由多个 DataRow 对象组成，DataRow 对象由 DataRowCollection 管理。DataSet 与数据控件联合，既可以大幅度提升应用程序的开发效率，也能保障程序的运行性能。

7.4　"我的百宝箱"中的数据库处理

用.NET 框架的 ADO.NET 类易于实现第 6 章"我的百宝箱"的数据存储功能。例如，把用户在"新书到了"业务窗口录入的书籍信息保存到数据库等。本节介绍连接数据库，下达 SQL 命令，使用数据集、数据表、记录等 ADO.NET 常用类的实际应用。

下拉列表与数据库.mp4　　连接数据库.mp4　　从数据库取数据到　　利用数据适配器取
　　　　　　　　　　　　　　　　　　　　　下拉列表.mp4　　　数据.mp4

7.4.1　书籍信息的保存

在实现"新书到了"业务功能时，出版社下拉列表数据暂时来源于常量数组，用户输入新书信息后，也是暂时用 MessageBox 类的 Show 方法把用户输入的数据反馈给用户自己检查。那么，如何从数据库获取数据来生成下拉列表？如何把用户输入的数据存储到数据表呢？

现在改造"新书来了"业务窗口中"提交"按钮的 Click 事件处理程序。代码如下：

```
//获取连接数据库的信息
string connString = @"Provider=Microsoft.Jet.OLEDB.4.0;
Data Source = D:\DB\MyFavorite.mdb";
//构造 SQL 命令
StringBuilder sb = new StringBuilder();
sb.Append(@"INSERT INTO Books(
            isbn,[name],publisher,[date],price,author,area,category) VALUES(");
sb.Append("'" + txtID.Text + "',"); ;
sb.Append("'" + txtName.Text + "',");
sb.Append("'" + cmbPublisher.Text + "',");
sb.Append("'" + dttDate.Text + "',"); ;
sb.Append(numPrice.Text + ",");
sb.Append("'" + txtAuthor.Text + "',");
```

```
if (rdoLocal.Checked)
    sb.Append("'" + rdoLocal.Text + "',");
else if (rdoGOT.Checked)
    sb.Append("'" + rdoGOT.Text + "',");
else
    sb.Append("'" + rdoOther.Text + "',");
sb.Append("'" + trvCategory.SelectedNode.Text + "')");
string sql = sb.ToString();
//(1)连接数据库
OleDbConnection conn = new OleDbConnection(connString);
conn.Open();
//(2)下达命令
OleDbCommand cmd = new OleDbCommand(sql, conn);
try
{
    cmd.ExecuteNonQuery();
    MessageBox.Show("书籍信息已存入数据库！");
}
catch (Exception msg)
{
    MessageBox.Show("出问题了！\n 出错原因：" + msg.Message);
}
//(3)断开数据库连接
conn.Close();
```

从这段代码可以看出，操作数据库一般都要经历连接数据库、下达 SQL 命令、断开数据库连接等步骤。这些步骤都千篇一律，难度不大。当然，在此之前需要获得连接数据库的信息和 SQL 命令。数据库的连接信息也比较固定，易于掌握。关键在于 SQL 命令的构造，这是容易出错的地方。

1. 数据库连接信息

连接数据库的信息称为连接字符串。异构数据库提供的连接字符串有所不同。例如，要连接 Access 数据库，其连接字符串格式为：

Provider=Microsoft.OLEDB.4.0;Data Source=数据库名

请与上面代码中的第一行做对比。

连接 SQL Server 数据库，提供了两种方式的连接字符串。

一种需要数据库用户名和密码：

Provider=SQLOLEDB;Data Source=服务器名;Initial Catalog=数据库名;
User ID=用户名;Password=密码

一种使用 Windows 操作系统的身份进行认证：

Provider=SQLOLEDB;Data Source=服务器名;Initial Catalog=数据库名;
Integrated=SSPI

2. SQL 命令

构造 SQL 命令，涉及 SQL 语句格式。SQL 语句不多，格式统一，只要多操作几次，就能很快熟悉。例如：

```
SELECT * FROM Books
SELECT [name] FROM Books
SELECT * FROM Books WHERE author = '金庸'
```

这三条 SQL 语句都是从 Books 表获取数据。其中，第一条要求获取全体书籍信息；第二条只需要全部书名；第三条要求获取金庸写的书籍的所有信息。

在这些 SQL 语句中，SELECT、FROM、WHERE 等都是关键字。SELECT 表示选取，即查询命令；FROM 表示"从"哪里查找，后跟数据表名；WHERE 表示条件，后跟条件表达式。另外，*表示所有字段。如果只指定几个字段名，字段名之间用逗号分隔，表示只返回这几列的数据。字段名可以用方括号括起来，主要是避免字段名与关键字同名，以示区别。

除了用 SELECT 读取数据库，返回查询得到的记录集外，SQL 命令还包括数据表和数据的维护操作，如建立数据表，增加、删除、修改数据库中的数据，以及进行计算并返回统计结果等语句。例如，语句：

```
INSERT INTO Books(isbn,[name],publisher,...) VALUES(...);
```

表示把数据插入到(INSERT INTO)Books 表。Books 后面的圆括号中表示插入到哪些字段(列)中，字段名用逗号隔开。如果是全部字段，可以省略字段名。VALUES 后的圆括号中是插入到相应字段(字段与字段值要一一对应)中的字段值。这里比较容易出问题的地方是与字段数据类型兼容的字段值。例如，如果是文本型字段，字段值两边要用单引号括起来，如果是数字，就不能用单引号。

删除数据的 SQL 命令，用的是 DELETE 关键字，例如：

```
DELETE FROM Books WHERE price<32
```

表示把 Books 表中价格小于 32 元的书籍全部删除。

修改数据的 SQL 命令，用的是 UPDATE 关键字，例如：

```
UPDATE Books SET category='武侠小说' WHERE category ='武侠'
```

表示把 Books 表中类别为"武侠"的字段值全部改为"武侠小说"。

SQL 语句格式可在具体使用时查阅与 SQL 相关的资料。

3. ADO.NET 类

ADO.NET 提供的连接数据库的类是 Connection，下达命令的类是 Command。但在操作具体数据库时，根据数据库类型不同，类名也有区别。

例如，操作 Access 数据库的类都在 System.Data.OLEDB 命名空间中，类名前都有前缀 OleDb；操作 SQL Server 数据库类都在 System.Data.SqlClient 命名空间中，类名前都有前缀 Sql。使用时请注意这些区别。

上面的代码中，OleDbCommand 命令对象 cmd 与 OleDbConnection 对象联合对 Access 数据库进行存取操作，只要把 SQL 命令交给 cmd，执行 cmd 的 ExecuteNonQuery 方法即可实现对数据的增删改操作。

至于查询和统计，用的不是 ExecuteNonQuery 方法，在下一节介绍。

最后别忘了断开数据库的连接，其作用是关闭数据库，释放相关资源。

7.4.2 动态构造出版社下拉列表

第 6 章设计的"新书到了"业务窗体,其出版社下拉列表中的数据是固定不变的,不实用。若从文件或数据库表中读取预先存储的出版社信息,在运行时动态添加到下拉列表,这显然要灵活得多。以后只要修改文件或数据库表,程序运行时都会根据更新后的数据实时变化。现在介绍基于数据库的动态下拉列表的设计技巧。

首先,用 Access 建立一张数据字典表 Dictionaries。该字典表有类别(class)、编码(key)、值(value)、备注(note)四个字段,如表 7-6 所示。

表 7-6 Dictionaries

序 号	字段名称	数据类型	字段大小	约 束	说 明
1	class	文本	4	主键	类别
2	key	文本	18	主键	编码
3	value	文本	40		值
4	note	文本	100		备注

其中,类别表示数据字段的分类。例如,PUBL 表示出版社,GEND 表示性别等。编码用于为某类数据编码,例如 0101 表示高等教育出版社,0102 表示人民邮电出版社等。值就是编码对应的值,可以预先输入部分初始值。

其次,改造"新书来了"业务窗口的 Load 事件处理程序。代码如下:

```
string[] publishers = { "高等教育", "清华大学", "人民邮电", "机械电子" };
foreach (string p in publishers)
    cmbPublisher.Items.Add(p);
```

代替

```
string connString = @"Provider=Microsoft.Jet.OLEDB.4.0;
                      Data Source = D:\DB\MyFavorite.mdb";
string sql = @"SELECT [value] FROM Dictionaries
              WHERE [class]='PUBL' ORDER BY [key]";
OleDbConnection conn = new OleDbConnection(connString);
conn.Open();
OleDbCommand cmd = new OleDbCommand(sql,conn);
OleDbDataReader reader = cmd.ExecuteReader();
while (reader.Read())
    cmbPublisher.Items.Add(reader["value"]);
conn.Close();
```

注意这两者的区别。用户数据库里的数据动态生成下拉列表,其 SQL 语句:

SELECT [value] FROM Dictionaries WHERE [class]='PUBL' ORDER BY [key]

表示从字典表 Dictionaries 获取类别为 PUBL 的值字段 value 的数据,取得的数据按编码 key

字段列的数据排序(ORDER BY 表示按哪些列排序)。

将这条 SQL 命令交给 cmd 对象,用其 ExecuteReader 方法去获取数据。获取的数据交给 OleDbDataReader 对象 reader 进行处理。然后一行行地读取数据(用 reader 的 Read 方法),并添加到出版社控件 cmbPublisher 中,生成下拉列表选项。

当然,也可以利用 DataSet 生成动态出版社下拉列表选项。只要把上面的代码做如下的替换即可。

```
OleDbCommand cmd = new OleDbCommand(sql,conn); //创建命令对象
OleDbDataReader reader = cmd.ExecuteReader();   //创建数据读取器对象
while (reader.Read())  //循环读取记录
    cmbPublisher.Items.Add(reader["value"]);   //把读取的值添加到下拉列表控件
```

代替

```
OleDbDataAdapter adapter = new OleDbDataAdapter(sql, conn);   //创建数据适配器
DataSet ds = new DataSet();     //创建数据集对象
adapter.Fill(ds, "Publishers");    //用适配器对象把数据一次性填充到数据集对象
cmbPublisher.DataSource = ds.Tables["Publishers"];   //设置下拉列表控件的数据源
cmbPublisher.DisplayMember = ds.Tables["Publishers"].Columns[0].ToString(); //显示项
```

两种生成下拉列表选项的方式如图 7-36 所示。

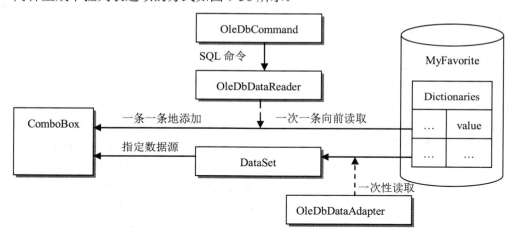

图 7-36 从数据库读取数据到下拉列表控件的方式

利用 SQL 提供的函数也可以进行诸如统计之类的查询。例如,如果想知道数据字典里已录入了多少个出版社,在上面的代码中 "conn.Close();" 语句前加入如下代码即可:

```
reader.Close();   //先关闭 reader 对象
cmd.CommandText = @"SELECT COUNT(*) FROM Dictionaries WHERE [class]='PUBL'";
int n = (int)cmd.ExecuteScalar();    //返回单值,这里表示统计的记录数
MessageBox.Show(n.ToString());
```

这段代码中,SQL 命令中的 COUNT 为用于统计记录数的 SQL 函数。COUNT(*)表示统计满足条件的所有记录。其他的还有取最大值(MAX)、最小值(MIN)、累计值(SUM)等函数。例如,修改上面的代码为:

```
reader.Close();
cmd.CommandText = @"SELECT SUM(price) FROM Books";
var n = cmd.ExecuteScalar();
MessageBox.Show(n.ToString());
```

显示的就是书籍表中价格列的累计和。

7.4.3 图书维护

现在实现对数据库中数据的维护功能，包括定位、增删改、排序等。

1. 利用数据源配置向导配置数据源

(1) 选择 Visual Studio IDE 的"数据"→"显示数据源"菜单项，如图 7-37 所示，会显示如图 7-38 所示的"数据源"窗口。

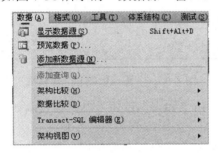

图 7-37 "数据"菜单项

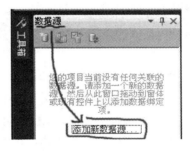

图 7-38 "数据源"窗口

(2) 单击"添加新数据源"链接或直接选择图 7-37 中的"添加新数据源"菜单项，弹出"数据源配置向导"对话框，显示如图 7-39 所示的"选择数据源类型"界面，选择"数据库"。

(3) 单击"下一步"按钮，出现如图 7-40 所示的"选择数据库模型"界面，选择"数据集"。

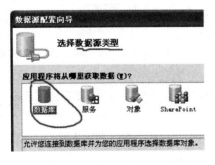

图 7-39 选择数据源类型

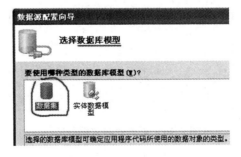

图 7-40 选择数据库模型

(4) 单击"下一步"按钮，出现如图 7-41 所示的"选择您的数据连接"界面。

(5) 单击"新建连接"按钮，弹出"添加连接"对话框，如图 7-42 所示。

(6) 单击"更改"按钮，弹出 "更改数据源"对话框，如图 7-43 所示。

图 7-41　选择数据连接

图 7-42　"添加连接"对话框　　　　　　　图 7-43　"更改数据源"对话框

(7)　选择"Microsoft Access 数据库文件"，单击"确定"按钮，返回到"添加连接"对话框，显示所选择的信息，如图 7-44 所示。

(8)　单击"测试连接"按钮，弹出"测试连接成功"信息提示对话框，表示连接正常，如图 7-45 所示。

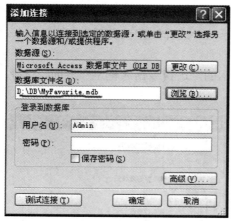

图 7-44　更改后的数据源信息　　　　　　　图 7-45　测试连接

(9)　单击"确定"按钮，返回到"选择您的数据连接"界面。此时显示的是新创建的数据连接，并自动生成数据库连接字符串，如图 7-46 所示。

(10)　单击"下一步"按钮，弹出如图 7-47 所示的对话框，询问是否把本地数据库添加到项目中来。

(11)　为了调试方便，单击"是"按钮，出现如图 7-48 所示的界面。一般来说，连接字

符串是应该保存到应用程序配置文件中。这个配置文件名是 app.config。把连接字符串保存在这里，相当于一个全局变量，可以共享。

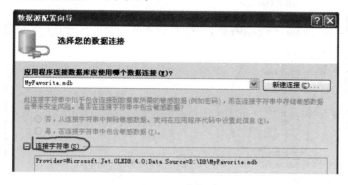

图 7-46　新建的数据连接

图 7-47　是否把本地数据库加入本项目中

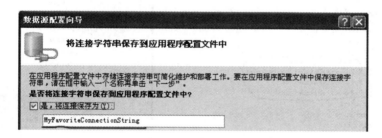

图 7-48　是否把连接字符串保存到应用程序配置文件中

(12) 单击"下一步"按钮，出现如图 7-49 所示的"选择数据库对象"界面。

(13) 单击"完成"按钮，数据源配置完毕，资源管理器中多了几个文件，如图 7-50 所示。

(14) 双击新生成的数据源文件 MyFavoriteDataSet.xsd，可以编辑数据源，如图 7-51 所示。

2. 拖动数据源对象到窗体

有了数据源，就可以把其中的对象，如表、字段等拖动到窗体进行界面设计，如图 7-52 所示。

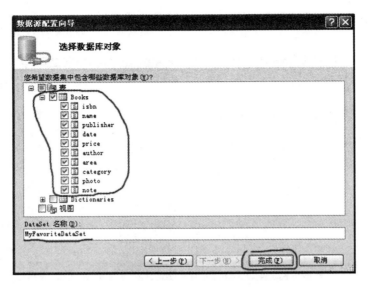

图 7-49　选择数据库对象

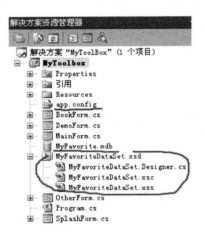

图 7-50　数据源文件

图 7-51　编辑数据源

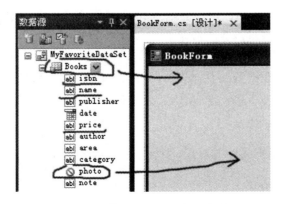

图 7-52　拖动数据源对象到窗体

拖曳表对象到窗体，会创建一个数据网格视图控件(booksDataGridView)，以及 5 个组件(myFavoriteDataSet、booksBindingSource、booksTableAdapter、tableAdapterManager、booksBindingNavigator)。其中，booksBindingNavigator 对应图中的工具栏，有浏览(首条记录、前一条记录、定位、后一条记录、尾记录)、增加、删除、保存等按钮。另外，放置几个字段到窗体，直接根据其数据类型创建了 Label、TextBox、PictureBox 等控件。拖曳情况如图 7-53 所示。

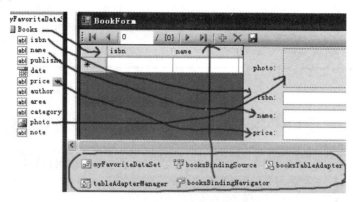

图 7-53　拖曳 Books 和几个字段到窗体

经过调整，窗体控件布局如图 7-54 所示。

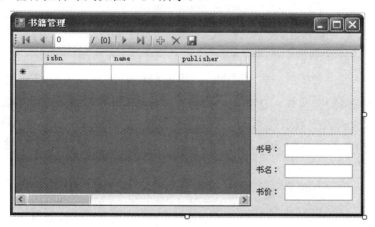

图 7-54　窗体布局

把该窗体修改为启动窗体，运行结果如图 7-55 所示。可以在这个窗体中对图书进行实质性的维护，包括浏览、增加、删除、修改和保存数据。当浏览数据时，列表外面的其他控件的值也跟着改变。

你可能会比较吃惊，到现在为止，我们还没有为这个窗体编写一行代码，就已经具有如此强大的功能。

3. 编辑表格控件的表头

(1) 单击表格控件，在右上角有个小三角形，单击，出现如图 7-56 所示的下拉菜单。

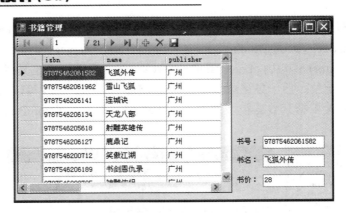

图 7-55　运行结果

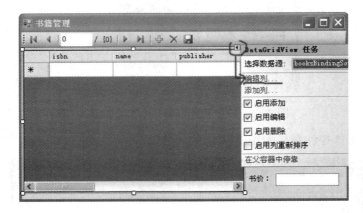

图 7-56　单击表格控件

(2)　选择"编辑列"选项,在弹出的如图 7-57 所示的"编辑列"对话框中把所有字段的 HeaderText 值改成汉字提示信息。也可以修改字段的其他属性,如作为图形字段的封面,将属性 ImageLayout 的值选为 Stretch,可以是图形拉伸显示。单击如图 7-58 所示的表格控件的 Columns 属性值列的按钮,也可以弹出"编辑列"对话框。

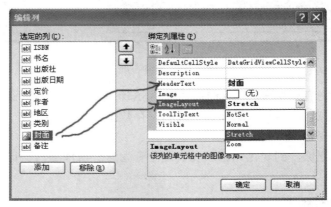

图 7-57　"编辑列"对话框

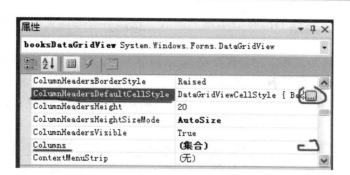

图 7-58 从 Columns 也可以进入编辑列界面

(3) 单击图 7-58 中 ColumnHeadersDefaultCellStyle 属性值列的按钮，弹出如图 7-59 所示的"CellStyle 生成器"对话框，可以进一步调整界面，如把值显示在中间等。

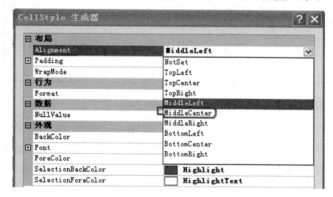

图 7-59 "CellStyle 生成器"对话框

(4) 运行程序，结果如图 7-60 所示。表格表头显示在了正中间位置。

图 7-60 运行结果

7.4.4 图像数据的存取操作

到此为止，图书管理的大部分基础工作都已经完成。但是，在图 7-60 中很显然还有一个问题没解决：那就是图书的封面还是空白的。现在看看怎么把数据的封面保存到数据库里。

保存封面图片的要求是：在如图 7-61 所示的界面中，浏览到任何一条记录，右边都会显示对应记录的数据，包括图片。假定现在浏览到了第二条记录，由于库中没有存储封面，图片区显示的是空白的。现在要求在双击图片区时，打开一个对话框来选择图片文件。选好后，单击工具栏上的"保存"按钮，把选中的图片存入数据库。

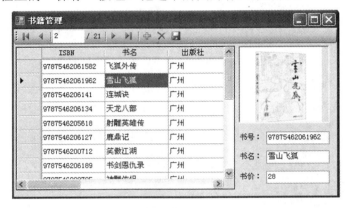

图 7-61　具有图片保存功能的界面

为此，单击图片控件 photoPictureBox，把其 BorderStyle 属性值选为非 None。这样即使在没有图片的情况下也能看出这里是图片区。然后在事件列找到 DoubleClick 事件，双击该事件，在自动生成的双击事件处理程序代码框架中输入下面的代码：

```
OpenFileDialog pic = new OpenFileDialog();      //创建打开文件对话框对象
pic.Filter = "*.jpg;*.bmp;*.*|*.jpg;*.bmp;*.*";   //设置只显示 jpg 和 bmp 两种图像文件
if (pic.ShowDialog() == DialogResult.OK)      //显示打开文件对话框
{
    Stream stream = pic.OpenFile();      //用打开的文件创建流对象
    int len = (int)stream.Length;      //获取流对象的长度，即图像大小
    byte[] buf = new byte[len];      //创建字节缓冲区
    stream.Read(buf, 0, len);      //从流对象读取数据到缓冲区
    stream.Close();      //关闭流对象
    //把缓冲区的数据放到表格当前行的第 9 列，即封面字段
    myFavoriteDataSet.Tables[0].Rows[booksBindingSource.Position][8] = buf;
}
```

这段代码把打开的数据存入表格对应字段，单击"保存"按钮即可存入数据库中。

那么，如何用代码到数据库取出图像字段内容并显示到图片控件呢？

下面的代码可以取出《雪山飞狐》的封面(这里只为演示如何取图像字段，与保存图像做个对比，具体编写程序时应该从控件获取用户输入的条件，用户想看什么就看什么)：

```
string connString = @"Provider=Microsoft.Jet.OLEDB.4.0;
Data Source = |DataDirectory|\MyFavorite.mdb";
string sql = @"SELECT [photo] FROM Books WHERE [name]='雪山飞狐'";
OleDbConnection conn = new OleDbConnection(connString);
conn.Open();
OleDbCommand cmd = new OleDbCommand(sql,conn);
```

```
OleDbDataReader reader = cmd.ExecuteReader();
if (reader.Read()&& reader["photo"] != Convert.DBNull)     //如果图片字段不为空
{
//将数据集中表的 photo 字段值存入 bytes 字节数组中
    byte[] buf = (byte[])reader["photo"];
    //利用字节数组产生 MemoryStream 对象
    MemoryStream ms = new MemoryStream(buf);
    //利用 MemoryStream 对象产生 Bitmap 位图对象
    Bitmap img = new Bitmap(ms);
    //将 Bitmap 对象赋值给 pictureBox1 对象，显示图像
    this.pictureBox1.Image = img;
    }
}
```

习 题 7

1. 完成创意活动中涉及数据存储的部分，特别是相关的业务功能模块中用户输入数据的存储(尽量多地利用 ADO.NET 组件)。

2. 用 Access 创建一张用户表，输入部分初始数据。再设计一个登录窗口，用户只有输入正确的用户名和密码才能进入主控界面。且密码登录只能试三次，超过三次，锁住用户，当天不能再试，第二天运行自动解锁。

3. 编写一个读写配置文件的程序，判断相关配置信息是否存在。

4. 从配置文件获取数据库连接字符串，改造自己的程序。

第8章　图形绘制技术

8.1　图形处理基础

著名媒体理论家马歇尔·麦克卢汉说媒体即消息(The medium is the message)，意思是媒体与它要表达的信息是一体的，媒体通过两者的共生关系影响消息的感知方式。换句话说，媒体影响着我们思考和理解的习惯。在当今信息大爆炸时代，信息泛滥、知识碎片化严重、内容同质化多，而数据可视化能化繁为简，使得人们可以节省阅读时间，快速洞察新趋势。为满足时代需求，人们在不断进行信息图表等可视化的尝试和摸索。本章介绍.NET基于 Windows 平台的图形处理机理。

8.1.1　多媒体与用户体验

Multimedia is content that uses a combination of different content forms such as text, audio, images, animations, video and interactive content. Multimedia contrasts with media that use only rudimentary computer displays such as text-only or traditional forms of printed or hand-produced material.

——摘自 https://en.wikipedia.org/wiki/Multimedia

Multimedia，译为多媒体，是指混合有文本(text)、音频(audio)、图像(image)、动画(animation)、视频(video)，以及可以交互(interactive)等形式的内容。它是相对于早期仅显示文本的计算机显示器、传统形式的印刷或手工材料等单媒体而言的。

在阅读时间有限或心情烦躁时，长篇大论的文字和杂乱无章的数据难以消化，往往会让人产生厌读情绪。相较之下，内容有趣、逻辑清晰的可视化媒体能传递复杂的信息，减少分析繁杂数据的时间，提高理解的效率。

俗话说，一幅图胜过千言万语。相较于长篇大论的文章，形象生动的信息图更易于为人们所接受。在软件业，出色的可视化软件产品很容易获得用户的青睐。

当然，除了图形图像，动画、视频、音频等也能有效地提升用户的体验。

为降低多媒体信息处理的难度，.NET 框架提供了相关的类型。但在使用这些类型之前，需要了解 Windows 平台的消息处理机制。

8.1.2　Windows 窗体的那点事

Windows 窗体一般只做两件事：等待用户输入和渲染图形。前者指的是等待鼠标移动和单击/双击、键盘按键等事件的发生以做出相应的处理；后者指的是把文字、图形图像、按钮等显示在屏幕等设备上。这两件事其

Windows 窗体
的那点事.mp4

实是通过操作系统的 USER 和 GDI 两大子系统完成的，如图 8-1 所示。

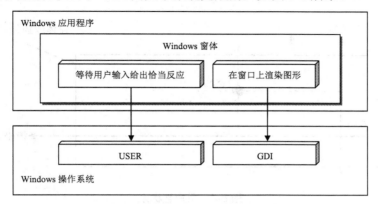

图 8-1　Windows 窗体与操作系统

USER 是 Windows 操作系统的一个核心构件，用于构建基本的用户界面。各种 Windows 版本中都有这个构件，提供窗口管理、消息传递、输入处理和标准控件等功能。鼠标、键盘等设备的相关事件的接收和处理都与它有关。

GDI 是 Windows 操作系统的另一个构件，它是 Graphics Device Interface 的缩写，即图形设备接口，是 Windows 应用程序设计接口，负责图形对象的表示，并将其输出到显示器、打印机等设备，如图 8-2 所示。

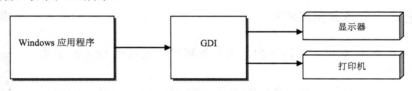

图 8-2　GDI 的作用

可见，应用程序只对 GDI 进行程序设计，与具体的外部设备无关。

8.1.3　GDI 的坐标系

要绘制图形，位置很重要。用 GDI 的坐标系可以对要显示的对象进行定位。GDI 的默认坐标系如图 8-3 所示。

GDI 的坐标系
坐标系.mp4

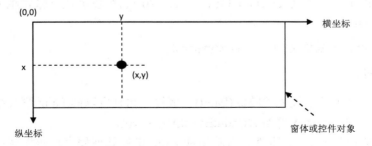

图 8-3　GDI 的默认坐标系

GDI 的坐标系可以自定义，称为用户坐标系。例如，可以定义如图 8-4 所示的坐标系。

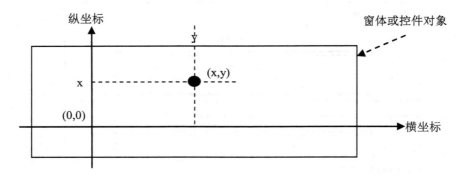

图 8-4　用户坐标系

8.2　工欲善其事，必先利其器

画家作画之前，需要准备一些必要的工具，如宣纸、毛笔、刷子、颜料等。我们虽然不是画家，但利用.NET 框架提供的类似"画具"，一样可以绘制许多巧夺天工的美丽画卷。下面来了解它们。

要准备什么.mp4

8.2.1　宣纸——Graphics

可以在 Graphics 对象上写诗作画。为形象起见，姑且把 Graphics 类称为"宣纸"类。

有三种方法可以获得与宣纸类似的工具，即 Graphics 对象。图形一般绘制在窗体或控件中，也可以先在内存中绘制，再"放"到窗体或控件上。我们先展开想象的翅膀：在内存绘图，是画家在画室作画，别人看不到；在窗体或控件上作画，是画家直接在物体上作画，别人立即可见。这

纸的准备-
Graphics 类.mp4

些画纸，可以来源于画室内部(姑且称其为现成宣纸)，可以来源于窗体或控件本身(姑且称其为新造宣纸)，也可以是作画时带去的(姑且称其为事件宣纸)。

1．新造宣纸

窗体或控件本身带有 CreateGraphics 方法，利用它可以创建一张宣纸"糊"在窗体或控件上。用法为：

Graphics 宣纸名 = 窗体或控件名.CreateGraphics();

2．事件宣纸

在窗体或控件上可以发生"喷涂(Paint)"事件，此时可以向 Paint 事件处理程序传递一个含有一张宣纸的"喷涂事件参数(PaintEventArgs)"包。

双击窗体或控件的 Paint 事件，自动生成 Paint 事件处理程序代码框架：

```
private void  窗体或控件名_Paint(object sender, PaintEventArgs e)
{
}
```

在花括号中加入：

Graphics 宣纸名 = e. Graphics;

即可获得事件消息中传过来的宣纸。

3. 现成宣纸

利用 Graphics 也可以从 Bitmap 及其派生类获得一张宣纸。例如：

Bitmap map = new Bitmap(纸宽,纸高);

或者：

Bitmap map = new Bitmap(@"图像文件名");

然后，用 Graphics 的 FromImage 方法获得宣纸：

Graphics g = Graphics.**FromImage**(map);

第一种 map 表示在空白纸上作图，第二种 map 表示在现有图上作图。

但是，用 g 画出来的图形，还得利用前两种宣纸才能显示出来。格式为：

新造宣纸或事件宣纸.**DrawImage**(map, x 坐标, y 坐标);

这种宣纸的好处是，可以在它上面多次作画(别人看不见)，完成后再拿出来显摆。前两种方式有点像画家在大庭广众之下随意挥洒，后一种方式就像一个画家在画室精雕细琢，各有优劣。

8.2.2 画笔、颜料和刷子

作图少不了一支得心应手的画笔。.NET 框架提供的 Pen 类，可用于构造各种作图用的画笔，Color 类为调色盘，Brush 类是刷子。画笔的两种最常用的构造方式为：

笔的准备-
Pen 类.mp4

Pen 画笔名 = new Pen(颜色, 笔头宽度);
Pen 画笔名 = new Pen(刷子, 笔头宽度);

这两种方式中，笔头宽度值越大，在纸上绘制的线越宽。这个值也可以省略，默认宽度是 1。

颜料的准备-
Color 类.mp4

如果是用颜色来构造画笔，可以用 Color 类的各种颜色字段，如 Color.Red 表示红色、Color.Black 表示黑色等。在实际编码过程中，在 Color 后面输入"."会弹出颜色清单，可选择需要的颜色。

当然，大千世界，五彩缤纷，颜色何止千万。除了 Color 类自带的已知颜色，还可以构造其他任何特殊的颜色。最常用的构造方式如下：

Color c = Color **FromArgb**(int alpha, int red, int green, int blue);

其中，四个参数 alpha、red、green 和 blue 分别表示颜色透明度、红色分量、绿色分量和蓝色分量。它们的取值范围是 0～255，共表示 256 种灰度。这是根据三基色原理来构造颜色，即世界上任何一种颜色都可以用这三种颜色按不同的比例调配出来。两种极端的颜色是黑白两色，对应的比例分别是 0:0:0 和 255:255:255，而纯红、纯绿、纯蓝的比例分别是 255:0:0、0:255:0、0:0:255。alpha 为 0 表示不透明，255 表示全透明，可用于表示颜色的深浅。

如果是用刷子来构造画笔，可以使用 Brush 类的派生类。Brush 是抽象类，本身不能用于构造画笔，只能使用其派生类，包括单色刷(SolidBrush)、纹理刷(TextureBrush)、样式刷(HatchBrush)、渐变刷(LinearGradientBrush)、路径刷(PathGradientBrush)等。它们的常用构造方式原型如下：

刷子的准备-Brush 类.mp4

```
public SolidBrush(Color color);   //用指定的颜色 color 构造画刷
public TextureBrush(Image bitmap);   //用指定的图片 bitmap 构造画刷
public HatchBrush(HatchStyle hatchstyle, Color foreColor, Color backColor);
//用指定的格式 hatchstyle、前景色 foreColor 和背景色 backColor 构造画刷
public LinearGradientBrush(Point point1, Point point2, Color color1, Color color2);
//用指定起点 point1 及颜色 color1 和终点 point2 及颜色 color2 构造画刷，绘制时从起点颜色渐变到终点颜色
public PathGradientBrush(Point[] points);   //用指定的路径上的点 points 构造画刷
```

画刷与相关类配合使用可以构造出千变万化的图形。

写字.mp4　　作图.mp4　　画相.mp4　　缓存机制.mp4

8.2.3　基本画法

编码时，在宣纸对象后输入".Draw"，会列出一系列以 Draw 为前缀的方法。用这些方法可以画线(DrawLine)、画矩形(DrawRectangle)、画弧(DrawArc)、画椭圆(DrawEllipse)、画曲线(DrawCurve)、绘制图像(DrawImage)和文字(DrawString)等。如图 8-5 所示是部分绘图方法的基本用法。图 8-5 中，构造并绘制了一个用户自定义的坐标系。在坐标系绘制了一条正弦曲线。在该坐标系的第二象限显示了一个图像阵列，在第四象限显示了一个图像。

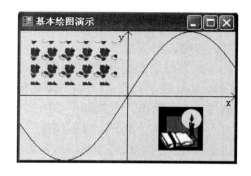

图 8-5　基本绘图方法演示

图 8-5 的实现代码如下：

```
//(1)获取宣纸，创建画笔
Graphics g = e.Graphics;
Pen pen = new Pen(Color.Black, 1);
```

```
//(2)建立用户自定义的坐标系，原点在工作区中央
float x0 = ClientRectangle.Width / 2.0F;    //工作区中央值
float y0 = ClientRectangle.Height / 2.0F;
g.TranslateTransform(x0, y0);               //变换坐标系
g.ScaleTransform(1, -1);                    //改变 y 轴方向
//绘制坐标系
g.DrawLine(pen, -x0, 0, x0, 0);             //绘制 x 轴
g.DrawLine(pen, x0 - 5F, 5F, x0, 0);        //绘制 x 轴箭头
g.DrawLine(pen, x0 - 5F, -5F, x0, 0);
g.DrawLine(pen, 0, -y0, 0, y0);             //绘制 y 轴
g.DrawLine(pen, -5F, y0 - 5F, 0, y0);       //绘制 y 轴箭头
```

```
//(3)绘制正弦波
float x, x1 = -x0;   //起点的 x 坐标
float y, y1 = (float)(Math.Sin(
        x1 * Math.PI / 180) * y0);
for (x = -x0 + 1; x <= x0; x++)
{
    y = (float)Math.Sin(
        x * Math.PI / 180) * y0;
    g.DrawLine(pen, x1, y1, x, y);
    x1 = x;
    y1 = y;
}
```

```
//(4)显示文字，即标注 x 和 y 坐标
Color c = Color.FromArgb(255, 0, 0, 0);    //创建黑色
Brush b = new SolidBrush(c);               //创建画刷
Font f = new Font("宋体", 12);             //创建字体
g.ScaleTransform(1, -1);                   //改变坐标 y 轴方向
g.DrawString("y", f, b, -16, -y0);         //显示"y"
g.DrawString("x", f, b, x0 - 16, 0);       //显示"x"
//(5)在第二象限用"花"刷矩形区域，模拟刷漆动作
Rectangle rect = new Rectangle((int)-x0+15, (int)-y0+15, (int)x0-30, (int)y0-30);
Brush brush = new TextureBrush(new Bitmap(@"D:\Resource\花.gif"));
g.FillRectangle(brush, rect);    //用"花"填充 rect 矩形区域
//(6)在第四象限显示图像
Image img=new Bitmap(@"D:\Resource\书.jpg");
g.DrawImage(img, (x0 - img.Width) / 2, (y0-img.Height) / 2);
```

8.3 图形类的应用

8.3.1 绘制水池形状

现在为第 4 章的水池问题增加一个形状绘制功能，即把 IShape.cs 文件中的 IShape 接口定义修改如下(粗体)：

```
...
using System.Drawing;    // Graphics 在 System.Drawing 命名空间，需要在此引用
interface IShape
{
    float ComputeArea();
    float ComputePerimeter();
    void Drawing(float x, float y,    Graphics g);    //新增功能：在(x,y)处绘制水池形状
}
```

在 Circle 类定义中，实现接口中新增功能的代码如下(粗体)：

```
...
using System.Drawing;
using System.Drawing.Drawing2D;
class Circle:IShape
{
    ...
public void Drawing(float x, float y, Graphics g)
    {
        Pen p = new Pen(Color.Black, 1);
        g.DrawEllipse(p, x - r, y - r, 2 * r, 2 * r);
    }
}
```

对于从 IShape 派生的 Square，同样要在其类定义中实现 Drawing 方法。实现代码与 Circle 差不多，只是绘图方法不同。绘制圆时，用的是绘制椭圆方法(DrawEllipse)；绘制正方形时，用的是绘制矩形方法(DrawRectangle)。两个方法的参数一样，即第一个参数是画笔，第二和第三个参数是椭圆外接矩形的左上角坐标，第四个坐标是宽度，第五个是高度。Square 中实现绘图的代码是(s 是正方形宽度)：

```
g.DrawRectangle(p, x - s / 2, y - s / 2, s, s);
```

Circle 和 Square 的新增绘图功能的使用示例代码如下(假定是在窗体的 Paint 事件处理程序中使用)：

```
Graphics g = e.Graphics;
//设置圆心或正方形的中心
float x0 = ClientRectangle.Width / 2.0F;
float y0 = ClientRectangle.Height / 2.0F;;
```

```
//正方形水池
//创建并绘制内正方形
IShape s1 = ShapeFactory.GetShape(
                        "Square", 80);
s1.Drawing(x0, y0, g);
//创建并绘制内正方形
IShape s2 = ShapeFactory.GetShape(
                        "Square", 100);
s2.Drawing(x0, y0, g);
```

```
//圆形水池
//创建并绘制内圆
IShape c1 = ShapeFactory.GetShape("Circle", 40);
c1.Drawing(x0, y0, g);
//创建并绘制外圆
IShape c2 = ShapeFactory.GetShape("Circle", 50);
c2.Drawing(x0, y0, g);
```

分别把圆形和正方形水池对应代码放在设置圆心或正方形中心的代码后，运行结果如图 8-6 所示。

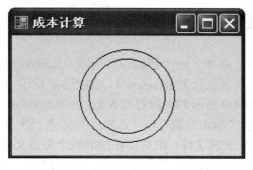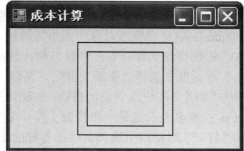

图 8-6　圆形、正方形水池形状绘制运行结果对比

8.3.2　降龙十八掌

"清风不识字，何故乱翻书"。如果一本拳谱掉在地上，正好吹来一阵狂风，恰到好处地快速翻开一页页纸张，你原来看到的静止的图形在你眼里"动"了起来，形成了一系列的动画。这是电影《武状元苏乞儿》里的一段镜头：掉在地上的《降龙十八掌》(如图 8-7 所示)在赵无极凌厉的拳风下快速地"翻动"着，被打倒在地上的苏察哈尔灿(周星驰饰)恰好看到了连贯在一起的前降龙十七掌，悟出了第十八掌，终于战胜了对手。

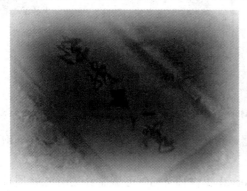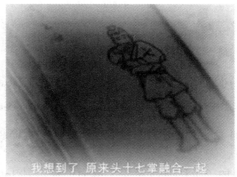

图 8-7　降龙十八掌

一个动画由一幅幅静止的图形组成，而电影影像可以分解成一系列静止的图像，这些单独的图像或图形称为帧。由于人眼的视觉影像残留效应，如果按一定的速率(例如每秒 24 帧)在眼前展示这些画面，就可以形成"动态"效果。

那么如何用程序来实现降龙十八掌的效果呢？

在此之前，需要准备一些素材资源。例如准备如图 8-7 所示的拳谱图形 18 张。为了编码方便，假定使用的是扩展名为 jpg 的图像文件，每个文件按显示顺序命名，如 1.jpg、2.jpg、…、18.jpg。把这些文件统一放到一个目录下。这个目录一般命名为 Resource，称为资源目录或资源库。

实现降龙十八掌效果的步骤如下。

(1) 在屏幕上开一个视窗。新建 Windows 窗体应用程序，生成窗体对象 Form1。调整窗体的大小等属性。

(2) 在视窗上放一个相框。从工具箱拖曳一个图片框控件到 Form1 窗体，生成图片框对象 PictureBox1。调整该对象的大小等属性。

(3) 添加资源文件。右击项目名称，选择"添加"→"新建项"选项，在弹出的"添加新项"对话框中选择"资源文件"，资源文件名默认为 Resource1，如图 8-8 所示。

单击"确定"按钮回到设计窗口，出现如图 8-9 所示的资源管理界面。在 Resource1.resx 页面(resx 扩展名表示这是一个资源文件)，选择"添加资源"→"添加现有文件"命令，在弹出的"打开"对话框中选择前面准备好的那些素材文件，把它们添加到这个资源文件中，同时会为每个素材生成资源名(由于数字不是有效标识符，都自动添加了下画线)。

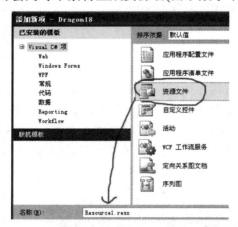

图 8-8　创建资源文件

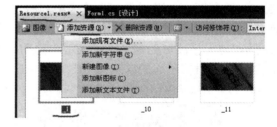

图 8-9　添加资源文件

(4) 将图片框对象与素材资源关联起来。

图片框对象.**Image** = (Image)Resource1.ResourceManager.GetObject(素材资源名称);

(5) 图片框对象图像数据刷新。用计时器，每隔一小段时间执行步骤(4)，直到取完所有素材。

添加一个计时器对象 Timer1，修改其 Interval 属性值为 30(可调整)，Enabled 属性值为 False。双击其 Tick 事件，在 Tick 事件处理程序代码框架内添加如下代码(粗体):

```
int num = 1;    //第一个素材资源
private void timer1_Tick(object sender, EventArgs e)
{
    PictureBox1.Image = (Image)Resource1.ResourceManager.GetObject("_" + num.ToString());
    //下画线和数字组成素材资源名
    num++;    //下一个素材
    if (num > 18)
    {
        num = 1;    //"播放"完毕，重置为第一个素材资源
        timer1.Enabled = false;    //停止计时器(停止"播放"图片)
    }
}
```

(6) 启动计时器，开始播放动画。可以再拖曳一个控件，例如按钮到窗体。在其 Click 事件处理程序代码框架中加入赋值语句"timer1.Enabled = true;"，运行时单击该按钮即可启动计时器，每隔一小段时间为图片框赋予下一个素材资源名，实现动画效果，如图 8-10 所示。

图 8-10 降龙十八掌运行效果(截图)

习　题　8

1. 在自定义坐标系中绘制积分曲线，并标识出积分区域，求区域面积及其周长。

2. 实现一个弹球游戏：设计一个可以移动的小球和挡板，随机生成一批方砖块。用小球去碰砖块，碰到一个消灭一个，直到全部消失。小球碰到四壁、挡板都会反弹。

第9章 综合应用

9.1 应用软件开发

梁山集团转型后，为深化企业改革，计划建设企业资源规划(Enterprise Resource Planning，ERP)系统。为避免企业进入"不上 ERP 项目是等死，上 ERP 项目是找死"的进退两难境地，拟分批分阶段投产。要求承接软件开发的软件公司具有前瞻性的眼光，先按 ERP 应用的性质搭建 ERP 软件架构，以增量过程模型逐步完成 ERP 系统的开发。首期完成 ERP 人力资源管理功能模块。

从大的方面来说，软件分为系统软件(如 Linux)和应用软件(如 SAP)。梁山集团的 ERP 项目是一类信息系统(Information System)，属于企业信息化应用领域。ERP 系统是大型软件，投资大、涉众多，是一个复杂的软件工程项目。虽然本书介绍的只是 ERP 的一个小模块的实现技术，但从大工程视角进行分析和设计，在进行技术训练的同时，注重职业素质的培养。当然，软件项目既具有一般工程的特性，也有其自身的特点。因此，在进行应用软件开发之前，应了解软件工程的本质、需要达到的目标、软件开发过程，以及职业素质要求。

9.1.1 工程目标

[**Software engineering** is] the establishment and use of sound engineering principles in order to obtain economically software that is reliable and works efficiently on real machines.

——Fritz Bauer

有了前几章的知识和技能，就可以尝试开发一个较为实用的软件了。软件开发是否成功，应该从软件工程的角度来加以审视。那么，什么是软件工程呢？一般认为，Fritz Bauer 对软件工程的上述定义可作为探讨软件工程的基础：建立和使用良好的工程原理，以经济地(economically)获得在实际机器上可靠(reliable)而有效(efficiently)运行的软件。Fritz Bauer 的定义强调了三个方面。

首先是 economically，即开发一个软件，一定会有成本。这可从两个方面加以理解。

(1) Something that is economical does not require a lot of money to operate. 这是从事物的角度来理解，指操作它不需要太多的钱，一般译为"省钱的"。

(2) Someone who is economical spends money sensibly and does not want to waste it on things that are unnecessary. 这是从人的角度来理解，指的是合理地花钱，不把钱浪费在不必要的事情上，一般译为"节约的"。

也就是说，从开发者的角度，软件的开发应控制成本，尽量合理地花钱；从软件的角

度，其运行也应控制成本，尽可能少花钱。

其次是 reliable，开发的软件是否可靠，也可以从两个方面来理解。

(1) People or things that are reliable can be trusted to work well or to behave in the way that you want them to. 人或物按你希望的方式好好做事，一般译为"可信赖的"。

(2) Information that is reliable or that is from a reliable source is very likely to be correct. 信息(源)很正确，一般译为"可信的"或"确凿的"。

也就是说，开发出来的软件，既能按期望的方式运行，其运行结果也非常可信。

第三是 efficiently，指的是效率或效能高(If something or someone is efficient, they are able to do tasks successfully, without wasting time or energy)，即在不浪费时间或精力的情况下完成任务。从软件的角度，就是不浪费时间和空间，按部就班地运行。

可以看出，Fritz Bauer 强调的是成本(开发成本、运行成本)和质量(数据可靠、运行高效)。我们在进行软件开发时，要有成本和质量意识，尽可能低成本地开发出高质量的软件来。要达到这一目的，就需要建立和使用良好的工程原理。

9.1.2 他山之石

要建立和使用 sound engineering principles，先要理解什么是工程。工程译自 Engineering。该词来源于拉丁语 ingenium 和 ingeniare，前者意为"巧妙"，后者意为"创造"和"设计"。在维基百科中，关于"Engineering"的原文如下：

Engineering is the application of mathematics, as well as scientific, economic, social, and practical knowledge in order to invent, innovate, design, build, maintain, research, and improve structures, machines, tools, systems, components, materials, processes, solutions, and organizations.

——摘自 https://en.wikipedia.org/wiki/Engineering

工程指的是，用数学以及科学、经济、社会和实践等知识，去创造、革新、设计、建造、维护、研究和改进结构、机器、工具、系统、组件、材料、过程、方案和组织。可以看出，这是一个涉及面很宽的学科，被划分为若干子学科，如化学工程、土木工程、电气工程和机械工程等主要分支。这些子学科涉及不同领域的工程工作。

1968 年，北大西洋公约组织在前联邦德国召开的国际学术会议上首次提出"软件危机"(Software Crisis)和"软件工程"的概念，指出人们应该像开发传统大型工程一样去管理软件的开发。人们耳熟能详的与传统大型工程相关的大概就是建筑物了。建筑物的规模有大有小。小的小到搭建一个宠物窝，大的大到一栋摩天大厦。搭建宠物窝一人足矣，但建造摩天大厦是多人协作的结果。两者的复杂性不可同日而语。前者不需要太多的科学知识和技能，即使毫无经验，多摸索几次总可以把窝搭好。后者涉及建筑工程，不仅需要数学、自然科学、工程基础和专业知识，还要考虑社会、健康、安全、法律、文化以及环境等因素。大型工程项目的建设一般要经历策划、评估、决策、设计、施工到竣工验收、投入生产或交付使用等阶段(如表 9-1 所示)。

表 9-1　建造工程阶段划分及其说明

阶　段	阶段细分	说　明
策划决策	项目建议书	以自然资源和市场预测为基础，选择建设项目
	可行性研究	对项目在技术上和经济上是否可行所进行的科学分析和论证
勘察设计	勘察过程	为设计提供实际依据。复杂工程分为初勘和详勘两个阶段
	设计过程	一般划分为初步设计和施工图设计两个阶段
建设准备		按规定做好施工准备，具备开工条件后，建设单位申请开工
施工		具备了开工条件并取得施工许可证后方可开工
生产准备		这是由建设阶段转入经营的一项重要工作，包括招收、培训生产人员；组织有关人员参加设备安装、调试、工程验收；落实原材料供应；组建生产管理机构，健全生产规章制度等
竣工验收		这是全面考核建设成果、检验设计和施工质量的重要步骤，也是建设项目转入生产和使用的标志
考核评价		这是工程项目竣工投产、生产运营一段时间后，再对项目的立项决策、设计施工、竣工投产、生产运营等全过程进行系统评价的一种技术活动，是固定资产投资管理的最后一个环节

如果把软件比作建筑物，表 9-1 这样的工程建设阶段划分就值得借鉴。也就是说，软件产品也有一个生产、使用和消亡的过程，软件开发就应该像建筑物建造一样，遵循一定的过程。

Roger S. Pressman 在 *Software Engineering A Practitioner's Approach* 一书中为软件工程的通用过程框架定义了五个框架活动，即沟通(communication)、规划(planning)、建模(modeling)、构造(construction)、部署(deployment)。这些活动与建造工程对比如表 9-2 所示。

表 9-2　软件工程与建筑工程对比

建筑工程	软件工程	说　明
策划决策	沟通	收集需求，定义软件功能及其特性
勘察设计	规划	软件架构图、组件特性、设计图细化等
建设准备	建模	技术准备、潜在风险、资源需求、进度计划
施工	构造	手工或自动生成代码、测试代码中可能存在的错误
生产准备		将软件产品移交给客户
竣工验收	部署	客户评估移交的软件产品
考核评价		客户基于评估给出反馈信息

当然，因为软件的特殊性，软件工程与传统工程也有不同。软件工程更关注抽象、建模、信息组织和表示、变更管理等，它的主要基础是计算机科学，而不是自然科学；更关注离散数学，而不是连续数学；关注抽象/逻辑实体，而不是具体/物理产品；不存在传统概念中的"制造"阶段；软件"维护"指的是持续的开发或演化，而不是传统的磨损和破裂。

如果没有大型系统开发经验，很难正确理解软件工程中过程、质量、演化、管理的重要性。当我们对比建筑工程等传统大型工程时，至少可以想象大型软件的复杂性和开发难度。不管怎么样，借用传统的工程原理来指导软件开发(特别是大型软件)，是软件工程师的必由之路。

9.1.3　技术之外

一个工程师刚开始只受过一个学科的专门训练，但在其整个职业生涯中，有可能人在多个领域工作而成为复合型人才。例如，土木工程专业的学生主要集中在设计能力的训练上。这种更具分析性的工作使得他们能够从事设计职业，这就要求他们修读大量具有挑战性的工程科学和设计课程。而施工管理人员的教育则主要集中在施工过程、方法、成本、进度和人事管理上，他们主要关心的是如何在预算内保质保量地按时完成项目，这是在校学习期间学生受过的专门训练。但一个项目涉及许多专业领域，如土木工程师的设计专业，以及项目现场管理等。在实际工作中，得到多方面锻炼的工程师可能横跨土木工程和施工管理等学科而成为独具特色的复合型人才。为什么用人单位会非常看重大学毕业生的学习能力？就是因为学习能力强的学生才有可能成为这种复合型人才。

作为将来从事软件开发的学生，在职业素质训练方面要注意些什么呢？首先是精神方面，包括责任意识、敬业精神和团队合作精神等。用人单位对学生的精神状态包括思想道德修养和主观能动性方面都非常重视。工作中的主观态度和合作精神等"软素质"是考量一个学生的核心指标。有专家指出，学生的工作态度、职业道德等方面的培养和训练相对薄弱，例如，用人单位经常遇到聘用的学生随便违约、不讲诚信、眼高手低不踏实工作等情况。其次是能力方面，包括解决问题的能力、创新能力、学习能力和应变能力等。学习能力一直是用人单位选人的重要标准，他们一般用专业基础知识、外语水平来衡量学生的学习能力。另外要注意的是专业对口问题，虽然用人单位也比较重视学生的专业状况，但在考虑学生的实际水平时又不拘泥于专业状况，更看重良好的知识结构和较宽的知识面。

基于这些考虑，在对本书中的知识和技能进行综合应用时，就不是简单的技术训练，而应该从更高的角度去看待这个问题。正如在直升机上能清晰地看到城市的格局一样，站得越高，视野越宽，格局越大。回头再来看看程序设计，如果我们能了解用人单位对这个职业的需求，从整个软件工程角度来看待程序设计，就应该知道，程序设计只是软件工程的一个环节(相当于建筑工程中的施工阶段)，从自己未来的整个职业生涯中去看，学习时战术上要重视，但战略上要藐视。

我们知道，即使搭建一个狗窝，专业人员和非专业人员的搭建结果都有很大的区别。当然，一个狗窝都搭不好的技术人员也难以参与一个摩天大厦的建设。反过来说，处于学习阶段的学生，就是搭建一个狗窝，也应该用专业的眼光和手段来做事。也就是说，处于学习阶段的学生无法参与到摩天大厦的实际建设中，应该选择一些小的项目来加以训练。但在小项目实践时，应特别注意站在软件工程全局角度(高处着眼)和工作单位用人角度(软处着手)来审视自己的所作所为是否符合专业要求，强化职业能力的训练。

9.2 需求分析与设计

ERP 系统的开发主要涉及应用领域知识、数据库管理与维护、软件工程、开发工具等。本书案例涉及的主要程序设计实现工具显然是 Visual Studio 集成开发系统、C#语言。下面先介绍企业信息化应用领域知识，然后结合梁山集团 ERP 项目的小模块人员关系中的花名册管理介绍如何对系统进行需求分析和设计，包括数据建模和功能建模。

9.2.1 企业信息化与信息系统

Informatization or informatisation refers to the extent by which a geographical area, an economy or a society is becoming information-based, i.e., increase in size of its information labor force. Usage of the term was inspired by Marc Porat's categories of ages of human civilization: the Agricultural Age, the Industrial Age and the Information Age (1978).

——摘自 https://en.wikipedia.org/wiki/Informatization

Informatization 或 informatisation，译为"信息化"，是指一个地区、一个经济体或一个社会以信息为基础的程度，即它的信息劳动力规模增长度。这一术语的使用源于 Marc Porat 对人类文明时代的分类：农业时代、工业时代和信息时代。

企业信息化(Enterprises informatization)是指企业基于计算机(网络)技术开发和利用信息资源提升生产、经营、管理、决策的效率，从而提高企业经济效益和企业竞争力的过程。也就是将企业的生产流程、物资运移、事务处理、资金流动、客户往来等业务过程数字化，经过计算机(网络)系统加工生成新的信息资源，提供给各层次的人观察相关业务动态，做出有利于生产要素优化组合的决策，合理配置企业资源，以适应瞬息万变的市场环境，求得最大的经济效益。

信息系统(Information System，IS)是一种收集、组织、存储和传输信息的有机系统。人们可以用它收集、筛选、处理、创建和分发数据。计算机信息系统一般由硬件(Hardware)、软件(Software)、数据(Data)、过程(Procedures)、人(People)、反馈(Feedback)等部分组成。

信息系统的类型很多。20 世纪 80 年代曾有人按一个组织的金字塔层次结构对信息系统进行了一个经典的分类，如图 9-1 所示。当然，除了图 9-1 所示的事务处理系统、管理信息系统(简称 MIS)、决策支持系统、主管信息系统外，还有知识管理系统(knowledge management systems)、学习管理系统(learning management systems)、数据库管理系统(database management systems，DBMS)、办公信息系统(office information systems)等类型的 IS。后来，一些新型 IS 逐渐涌现，如数据仓库(data warehouses)、企业资源规划(enterprise resource planning)、企业系统(enterprise systems)、专家系统(expert systems)、搜索引擎(search engines)、地理信息系统(geographic information system)、全球信息系统(global information system)、办公自动化(office automation)等。

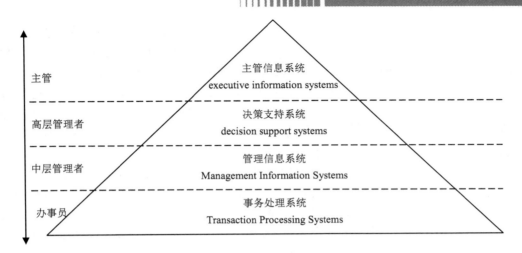

图 9-1　信息系统经典分类

人们经常混淆信息系统、MIS、ERP 等术语。MIS 是指通过计算机和其他智能设备对信息进行处理，以支持一个组织内部在管理上的决策。利用 MIS 对信息进行收集、传输、存储、加工、维护和使用，能检测企业实际运行状况、用历史数据预测未来、辅助企业经营决策、利用信息控制企业行为、帮助企业实现既定目标等。有些场合，人们把事务处理系统、决策支持系统、专家系统、行政信息系统、ERP 等也归类为 MIS。

9.2.2　企业经营与 ERP

在介绍 ERP 之前，先来看一个公式：

$$价格=成本+利润$$

这是计划经济体制下企业对商品的定价模式，即先计算制造产品的成本，计划盈利率，然后对产品进行定价，再作为商品进行销售。

转变到市场经济模式后，对上述公式移项，演变为：

$$利润=价格-成本$$

这两个公式有什么区别？

显然，从数学的角度，两者没有任何区别。但是从市场角度，它们可以用天翻地覆来形容，涉及从计划经济到市场经济观念的转变。前者的目标是价格，后者瞄准的则是利润。

作为企业来说，其目的之一是盈利。对于价格趋于稳定的商品来说，由于竞争等因素，想通过提高价格来提升盈利空间显然不可能，就只能在降低成本上想办法。降低成本的办法很多，有利用新技术、新工艺的，有更换原材料的，当然也有偷工减料的，不一而足。

下面再来看商品的演变过程。

对于发明创造出来的商品，只要能生产出来且市场大，厂家可以根据市场需求调整价格，获利空间非常大，这是"人无我有"阶段。如果生产这种商品的厂家多了，就会产生竞争，在价格趋于稳定的情况下，企业可通过生产更优质的商品取胜，从而进入"人有我优"阶段。如果别的厂家生产的商品也都是优质的，大家只有通过压缩利润空间来维持市场，从而进入"人优我廉"阶段。在这种情况下，因为价格已经稳定、质量必须保证，就只能通过有效地降低成本来维持一定的利润。使用计算机等新技术是降低成本的有效方法之一。在成本降低有限的情况下，就进入了"人廉我走"的最后阶段。此时，企业该何去何从？要么放弃竞争，转战其他商品；要么大打价格战，来个两败俱伤。

ERP 的登场可以使得企业避免"人廉我走"的进退两难局面，进入"人廉我速"阶段。也就是说，有了 ERP，可以缩短产品研发周期，在较短的时间内生产出市场需要的产品，从而提升竞争力。特别是经历过"大吃小"痛苦的中小企业，可以用"以快打慢"的方式在激烈的市场竞争中求得生存和发展。

那么，ERP 为什么能帮助企业产生如此巨大的市场潜力？ERP 到底是什么呢？

进行软件开发，就要了解软件的应用领域。既然 ERP 与企业相关，就得了解企业以及与企业密切相关的市场。当然，这里不是深入学习企业管理理论，而是对企业有个大致的了解，知道要开发的小型案例的整个大背景，把小项目当大工程看待，从大处着眼、小处着手进行工程训练。

现代大型企业的经营虽然复杂，但大致也与最原始的供应链"农夫种棉→织女纺布→裁缝制衣→客官穿衣"差不多，只不过从农业社会的手工作坊生产进化到了工业社会的半自动化或自动化生产。以裁缝的制衣厂为例，其供应链如图 9-2 所示。

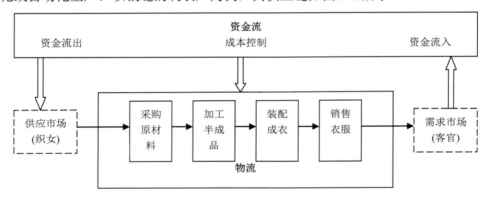

图 9-2 制衣厂供应链

图 9-2 的业务活动包括产品规划与采购、生产规划、制造交付、市场营销、物料管理、库存管理、运输、付款、财务等，涉及各种资源。ERP 是 Enterprise Resource Planning 的缩写，字面意思是企业资源规划，指的就是图 9-2 中核心业务流程的集成管理。ERP 的目的是在图 9-2 所示的物流、资金流的基础上，加上信息流，加强信息的流动。利用得好，可充分缩短商品从原料采购到投入市场的时间。

9.2.3　数据建模与功能建模

ERP 是一种业务管理软件，通常由若干集成在一起的应用程序组成。企业可以从这些业务活动中收集、存储、管理和解释数据。ERP 通过 DBMS 维护公共数据库，提供一个集成和持续更新的核心业务流程视图。ERP 系统跟踪业务资源(如现金、原材料、生产能力等)和业务委托状态(如订单、采购单、付款单等)。构成系统的应用程序跨部门(制造、采购、销售、会计等)共享数据，这些数据由各部门提供。ERP 促进各业务部门间的信息流动，并将外部利益相关者也纳入了管理范畴。一个 ERP 系统一般包含财务会计、管理会计、人力资源、制造、订单处理、供应链管理、项目管理、客户关系管理、数据服务等业务，通常包括如图 9-3 所示的功能模块。

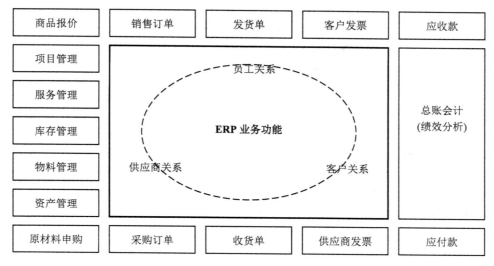

图 9-3　ERP 业务功能

由于 ERP 是一个非常复杂的系统，为便于掌握软件的需求分析与设计方法，本书只选取员工关系业务中的"花名册"部分，介绍其数据建模和功能建模方法。

1. 数据建模

数据建模是对现实世界的信息进行分析、抽象，找出它们的内在联系，确定相应的数据结构并建立数据模型(概念模型、逻辑模型、物理模型)。

(1) 概念建模阶段。例如，经过分析，梁山员工概念模型如图 9-4 所示。

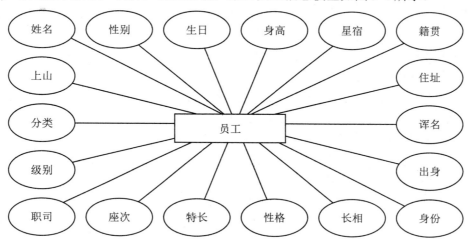

图 9-4　员工信息

梁山集团花名册中的员工信息主要关注姓名、性别、生日、身高、星宿、籍贯、住址、诨名、出身、身份、长相描述、性格描述、擅长兵器、集团座次、职司、级别、分类、上山等。为便于管理，增加了编号(相当于身份证号码，作为主键，用于识别个人)、参加工作时间(出场回数)、照片、备注等四个字段。

概念建模是从现实世界到信息世界的第一层抽象，要求确定应用领域实体属性关系，一般用 E-R 图表示。E-R 图由实体、属性和联系三个要素构成。图中，用矩形表示实体，用椭圆表示属性，用实线连接实体和它的属性。

(2) 逻辑建模阶段。这是从现实世界到信息世界的第二层抽象，要求将前面的 E-R 图转换成相应的逻辑模型。逻辑模型有关系、层次、网状、面向对象等几种。一般使用的是关系模型。这是一种线性关系，可以把它想象成一张表格。表格包括标题、表头和表体等主要部分。标题一般表示这是一张什么样的表，即表体中记录的是什么实体。在关系数据库理论中，表格称为关系，表格的一列称为一个字段，表体中的一行数据称为一条记录。从 E-R 图向关系模型的转换就是将实体和实体间的联系转换为关系，并确定这些关系的属性和主键。主键用于识别记录。例如，用人的身份证信息可唯一确定一个具体的人。在表示关系模型时，一般用粗体表示关系名，用下画线表示主键。

梁山员工的关系模型如下：

员工：编号、姓名、性别、生日、身高、星宿、籍贯、住址、诨名、出身、身份、长相、性格、特长、座次、职司、级别、分类、上山、出场、照片、备注。

(3) 物理建模阶段。这是从现实世界到信息世界的第三层抽象，涉及逻辑模型的机器实现，与 DBMS 密切相关，包括数据表名、字段名、数据类型、长度、约束(主键、外码、索引、约束、是否可为空、默认值)等。

梁山员工的物理模型如表 9-3 所示。

表 9-3 Employee

序 号	字段名称	数据类型	字段大小	约 束	说 明
1	id	文本	18	主键	编号/身份证编码
2	name	文本	6		姓名
3	gender	文本	8		性别
4	birthday	日期	日期/时间		生日
5	stature	数字	字节型		身高
6	constellation	文本	6		星宿
7	origin	文本	10		籍贯
8	address	文本	50		住址
9	nickname	文本	10		诨名
10	family	文本	10		出身
11	status	文本	16		身份
12	appearance	文本	255		长相描述
13	temperament	文本	100		性格特征

续表

序 号	字段名称	数据类型	字段大小	约 束	说 明
14	speciality	文本	30		擅长兵器/特长
15	order	数字	长整型		座次
16	duty	文本	20		职司
17	rank	文本	10		级别
18	faction	文本	10		分类
19	join	数字	整型		上山回数
20	enter	数字	整型		出场回数
21	photo	二进制	OLE 对象		照片
22	note	文本	备注		备注

2. 功能建模

所谓功能建模，就是确定系统应该具有哪些功能模块。同样，这里的案例也对系统做了简化(假定员工数据由人事部经理维护，梁山主管可以查询员工信息)。

(1) 确定软件系统的用户、用户与软件系统之间的信息及其流向，一般用数据流图(以下简称 DFD)来描述。经分析，花名册系统的顶层数据流如图 9-5 所示。这里，椭圆表示要开发的软件系统或功能模块，矩形表示与软件系统交互的外部实体(如用户或其他系统)，带箭头的实线表示信息流向(可在实线旁附加流动的数据的名称)。

图 9-5 花名册系统数据流(称顶层 DFD)

(2) 功能分解。饭得一口一口地吃，事得一件一件地做。把任务细分，既便于管理，也便于完成。当然，任务分得过细也会出现新的问题，如任务之间的关系会变得比较复杂。细化到什么程度是软件设计师根据实际情况综合考虑的结果。花名册系统涉及员工数据的维护、查询统计等，有必要进行一定程度的功能划分，如图 9-6 所示。

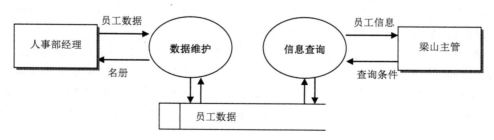

图 9-6 花名册功能分解(称第一层 DFD)

(3) 确定软件结构。即将 DFD 转换为软件结构图(按层次将 DFD 中的椭圆转化为软件结构图中的矩形,将各层用实线连接起来)。示例如图 9-7 所示。

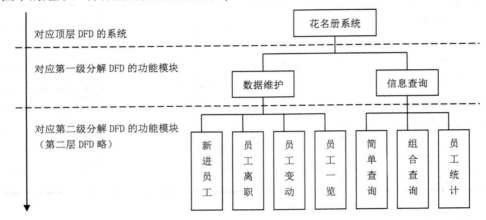

图 9-7　软件结构

接着可以考虑非业务需求的其他软件功能,如系统数据字典、用户管理与功能模块授权、用户登录等称为通用基础设施的功能,这里不再赘述。

9.2.4　软件体系结构

在实现软件系统时,除了上述业务模块的划分外,还要考虑软件的体系结构。这与建筑工程中要考虑的体系结构类似(办公楼、住宅区、别墅等分别有不同风格的体系结构)。建筑物越大,体系结构越复杂(摩天大厦与别墅的体系结构的复杂度显然有较大的区别)。即使同一种建筑物,也有中式、苏式、欧式之分。

本质上来说,软件的目标是实现人机交互。换句话说,在人与机器之间,软件扮演着重要的角色。早期,由于人对机器的要求比较简单,人机之间通常只有一个功能模块。随着机器性能的增强,人对机器的要求越来越高,处于人机间的软件也越来越复杂。为降低这种复杂性,可将软件划分为许多功能模块。随着功能模块的增多,模块之间的关系也会变得复杂起来。为便于管理和实现,人们进一步将逻辑上有关联的模块抽象为若干更大的逻辑单元。软件越大,抽象级别越高。

一种较为常见的划分逻辑单元的方法是按功能模块与人和机器的距离将软件划分为若干层。例如,可以将信息系统划分为三层体系结构,如图 9-8 所示。

对于信息系统开发人员来说,根据与硬件的密切程度,计算机系统本身又分为裸机层、操作系统层、数据库管理系统层,笼统被看作"机器"。

距离人最近的功能模块,主要与人打交道,称为用户接口层(User Interface Layer,UIL);距离机器最近的功能模块,主要与存储的数据打交道,称为数据访问层(Data Access Layer,DAL);UIL 与 DAL 之间的功能模块,主要用于处理业务逻辑,称为业务逻辑层(Business Logic Layer,BLL)。BLL 可以根据实际情况进一步细分,从而形成 N 层体系结构。

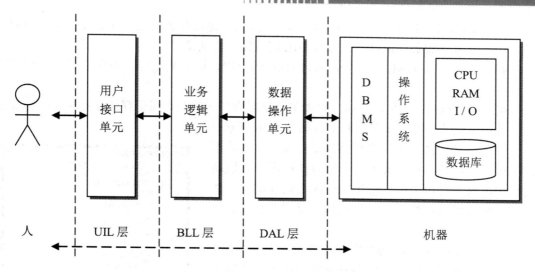

图 9-8　信息系统的分层体系结构

一般来说，相邻层左边的模块可以调用右边模块提供的服务，右边层反馈信息给左边层，各层相互独立，层次分明地构成一个稳定的系统。当然，在进行软件开发时，各层可分别实现。例如，有美工和心理学基础的界面工程师主要工作在 UIL 层，精通数据库管理系统的数据库工程师可承担 DAL 层的任务，软件工程师可将主要精力集中在 BLL 层，实现业务逻辑程序设计。

9.3　程 序 实 现

为了便于系统的扩展和维护，先构建三层体系结构，然后逐层实现所需要的模块。本书仅实现最基本的花名册数据维护和查询功能。掌握了这种体系结构和模块实现技术，就可以模仿该案例快速构建其他类似的信息系统。本案例用 Access 2003 作为后台数据库管理系统，涉及的数据库信息包括：数据库文件名为 MyERP.mdb，数据表名为 Employee，字段名称及其属性参见表 9-3。

9.3.1　构建体系结构和主控界面

按照梁山集团的要求，需要将 ERP 软件的体系结构搭建起来。创建一个 Windows 窗体应用程序，并命名为 MyERP(解决方案名称也是 MyERP)。按图 9-8 分层结构，在解决方案中添加几个"类库"应用程序(右击解决方案名称，选择"添加"→"新建项目"→"类库"选项)，分别命名为 MyEntity、MyBLL、MyDAL。设计结果如图 9-9 所示。

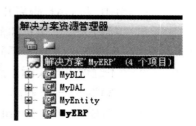

图 9-9　MyERP 分层体系结构

- MyERP：UIL 层，以控件为主，主要用于接收用户输入，在需要时调用 BLL 层对象的服务完成任务，并向用户反馈所需信息。

- MyBLL：BLL 层，接收来自 UIL 的数据，进行业务处理，在需要时调用 DAL 层对象的服务完成任务，并向 UIL 层反馈所需信息。
- MyDAL：DAL 层，接收来自 BLL 的数据，访问数据库，并向 BLL 层反馈所需信息。
- MyEntity：实体层，这层的类与数据库表一一对应，用于存储和传输表中的数据。

各层生成或创建的子目录和文件如图 9-10 所示。

图 9-10 所示的文件体系虽然只是实现了员工数据的维护功能，但在该框架中能非常方便地添加其他功能模块。只要把员工数据维护功能涉及的各层类文件及其调用关系搞清楚了，就可以举一反三地实现其他模块。各层文件作用如下。

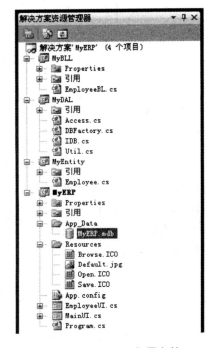

图 9-10　MyERP 各层文件

- MyERP 层：MainUI 由系统自动生成的 Form1 窗体更名而来。作为系统主控模块，可以利用其主菜单或工具栏调用其他功能模块；EmployeeUI 是员工数据维护模块的用户交互界面，它调用 MyBLL 层的 EmployeeBL 类的方法进行具体的业务处理并显示处理结果；App.config 为系统配置文件，内含数据库连接信息，便于将来在系统部署时进行相应的配置(数据库类型或位置发生变化，修改该文件的配置信息即可)；Resources 子目录存放的是资源文件，其中的 ico 类型的文件为美化控件，jpg 类型的文件为图片，这些资源会在用控件的 image 属性导入时自动出现在这里；App_Data 子目录存放数据库文件，需要将自己创建的数据库复制过来，如图中的 MyERP.mdb，这样便于调试和部署。目前，这层与业务相关的只有 **EmployeeUI**，其他都是构成框架的文件。

- MyBLL 层：**EmployeeBL** 用于业务处理，在需要时可调用 DAL 层进行数据处理。因为员工数据维护模块不涉及复杂的业务逻辑，本案例中只是把用户的需求转给 DAL 层并把 DAL 层反馈的信息转给 UIL 层，起到中转的作用。或者说，这层把 UIL 和 DAL 隔离开来。可以把这三层想象为医院系统的三种人：UIL 相当于前台接待人员，负责和前来就诊的人交互；BLL 相当于医生，UIL 根据就诊人员的实际情况为其选择不同的医生进行诊治；DAL 相当于药库管理员，负责药品的分发。不过这里与实际生活有些区别，就是"就诊者——【前台接待员——医生——药库管理员】——药库"，各人只与相邻层打交道，不跨层。

- MyEntity 层：**Employee** 用于暂时存储具体的员工数据。

- MyDAL：这一层包含 IDB、Access、DBFactory 和 Util 四个文件。其中，IDB 是这层对外提供的接口，也就是说，它相当于 BLL 层与 DAL 层之间的协议，BLL 只能调用 IDB 中公开的服务；Access 是具体的数据库对象类，是 IDB 的 Access

类数据库的具体实现，可以根据实际情况实现其他类型的数据库，如 SQL Server、MySQL、Oracle 等；DBFactory 是一种工厂模式类，用于生成并返回用户需要的数据库对象类，这个类可以把 BLL 层与 DAL 层进一步隔离开来(在 BLL 层源码中不出现 Access 等具体类名)；Util 类是一个辅助类，用于保存一些全局公共变量和常量。

9.3.2　实现主控模块

主控模块处于 UIL 层，相当于控制中心，在这里可以有菜单栏、工具栏、状态栏等。单击菜单项或工具按钮，就可以进入相关功能模块进行业务处理。

将自动生成的 MyERP 层 Form1 窗体文件更名为 MainUI 作为 UIL 层的主控模块。设置其 IsMdiContainer 属性值为 True，WindowState 属性值为 Maximized，Text 属性值为系统名称。然后从工具箱拖曳菜单栏控件(menuStrip)、工具栏控件(toolStrip)、状态栏控件(statusStrip)到 MainUI 窗体的空白部分。

在菜单栏控件中编辑 ERP 系统各层功能菜单项，如图 9-11 所示。工具栏有两个按钮，一个对应"数据维护"菜单项，另一个对应"信息查询"菜单项。

图 9-11　MyERP 主菜单设计

本案例仅实现员工关系模块下人事档案部分关于花名册的数据维护功能，其他功能的实现大同小异，可模仿该模块实现。

双击"数据维护"菜单项，在自动生成的菜单单击事件处理程序内输入下面的代码：

```
EmployeeUI emp = new EmployeeUI();    //创建员工数据维护子窗体对象
emp.MdiParent = this;                 //指定该子窗体的 MDI 父窗体为主控窗体
emp.Show();                           //显示该子窗体
```

单击"数据维护"按钮，在其 Click 事件中选择刚生成的菜单单击事件处理程序。这样，就可以从菜单项或按钮进入同一个功能模块了。

要设计出让用户满意的界面，需要在这些控件的使用上多下一些功夫。在学习一个控件的使用时，要多尝试。特别是在修改属性、代码或参数时，都应看看运行结果。修改、运行、再修改、再运行，如此反复调试、对比，经验就会越来越丰富。另外要注意的是，要成为一个软件界面设计师，不仅要懂得常用控件的属性设置和布局，还应该选修一些美工和心理学方面的课程，在人机交互方面多下一些功夫。

9.3.3　实现实体层的 Employee 类

实体类主要用于在内存暂存要处理的数据，其设计比较简单，一般将它的各个字段与数据表字段一一对应即可。例如，MyEntity 层的 Employee 类代码如下：

```
public class Employee{
public string id { get; set; }                    // 1 编号(18)
    public string name { get; set; }              // 2 姓名(6)
    public string gender { get; set; }            // 3 性别(8)
    public string birthday { get; set; }          // 4 生日(日期/时间)
    public byte stature { get; set; }             // 5 身高(字节)
    public string constellation { get; set; }     // 6 星宿(6)
    public string origin { get; set; }            // 7 籍贯(10)
    public string address { get; set; }           // 8 住址(50)
    public string nickname { get; set; }          // 9 诨名(10)
    public string family { get; set; }            // 10 出身(10)
    public string status { get; set; }            // 11 身份(16)
    public string appearance { get; set; }        // 12 长相描述(255)
    public string temperament { get; set; }       // 13 性格特征(100)
    public string speciality { get; set; }        // 14 擅长兵器/特长(30)
    public long order { get; set; }               // 15 座次(长整型)
    public string duty { get; set; }              // 16 职司(20)
    public string rank { get; set; }              // 17 级别(10)
    public string faction { get; set; }           // 18 分类(10)
    public int join { get; set; }                 // 19 上山回数(整数)
    public int enter { get; set; }                // 20 出场回数(整数)
    public byte[] photo { get; set; }             // 21 照片(OLE 对象)
    public string note { get; set; }              // 22 备注(备注)
}
```

9.3.4　实现 UIL 层的 EmployeeUI 类

在 UIL 层添加一个新的 Windows 窗体，并命名为 EmployeeUI，用于进行员工数据的维护，其界面设计如图 9-12 所示。

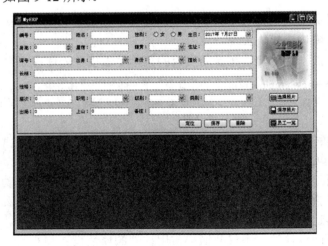

图 9-12　数据维护界面设计

这个界面大致分为上、下两个区域。上面部分用于输入输出单个员工的数据，下面部分用于显示员工清单。其中，性别用的是 RadioButton 控件，生日用的是 DateTimePicker 控件，身高用的是 NumericUpDown 控件，籍贯、出身、身份、职司、级别、类别用的是 ComboBox 控件(输入了部分初始选项)，照片用的是 PictureBox 控件，清单用的是 DataGridView 控件，选择照片用的是 OpenFileDialog 组件，其他用的是 TextBox 控件。这些都是比较常用的控件。要注意这些控件的命名，一般由控件类型缩写与输入数据含义组合而成。例如，名称为 txtID 的控件用于输入员工的编号，txt 表示这是一个 TextBox 控件，ID 表示编号，用于识别员工。下面涉及的控件名称请参考表 9-3 的"字段名称"列——本节的数据表字段(数据库里)、实体类字段(内存中)、控件(界面上)的名称都与此有关，地方不同，但意义一样。各控件的名称可以在后面的 DisplayRecord 或 FillEntity 代码段中找到，对照上节 Employee 实体类的注释可了解其含义。

界面中功能按钮的设置如下。

(1) **定位**：在"编号"文本框输入员工编号，单击"定位"按钮可定位此员工，输出该员工的信息。其实现代码为：

```
string id = txtID.Text.Trim();          //获取用户在编号控件中输入的编号数据
if (id.Length == 0)                     //判断是否输入编号
{
    MessageBox.Show("编号不能为空哦。");
    return;                             //如果用户没有输入编号，直接返回
}
//创建 BLL 层的业务逻辑对象
EmployeeBL bl = new EmployeeBL();
//创建列表对象用于存放 BLL 返回的所有员工数据
List<Employee> lst = new List<Employee>();
//使用业务逻辑对象的 GetList 功能获取编号为 id 中内容的员工
lst = bl.GetList(id);      //注意：GetList 是 BLL 层提供的服务
//在下面部分显示反馈的员工清单(dgvList 为 DataGridView 控件的名称)
dgvList.DataSource = lst;        //设置其数据源
//在上面部分显示清单中的第一条记录
DisplayRecord();
```

其中，DisplayRecord( )用于把下部清单的某记录显示在上部区域，其代码为：

```
private void DisplayRecord()
{
    //等号左边为上部区域的控件名，右边为下部区域控件各列序号
    //CurrentRow 表示当前行，Cells 表示单元格，Value 表示该行该列的值
    txtID.Text = dgvList.CurrentRow.Cells[0].Value.ToString();
    txtName.Text = dgvList.CurrentRow.Cells[1].Value.ToString();
    if (dgvList.CurrentRow.Cells[2].Value.ToString() == "男")
        rdoMale.Checked = true;
    if (dgvList.CurrentRow.Cells[2].Value.ToString() == "女")
        rdoFemale.Checked = true;
    if (dgvList.CurrentRow.Cells[3].Value.ToString().Trim() != "")
        dttBirthday.Value = Convert.ToDateTime(
        dgvList.CurrentRow.Cells[3].Value.ToString());
    if (dgvList.CurrentRow.Cells[4].Value.ToString().Trim() != "")
        numStature.Value = Convert.ToDecimal(
```

```
            dgvList.CurrentRow.Cells[4].Value.ToString());
        txtConstellation.Text = dgvList.CurrentRow.Cells[5].Value.ToString();
        cmbOrigin.Text = dgvList.CurrentRow.Cells[6].Value.ToString();
        txtAddress.Text = dgvList.CurrentRow.Cells[7].Value.ToString();
        txtNickname.Text = dgvList.CurrentRow.Cells[8].Value.ToString();
        cmbFamily.Text = dgvList.CurrentRow.Cells[9].Value.ToString();
        cmbStatus.Text = dgvList.CurrentRow.Cells[10].Value.ToString();
        txtAppearance.Text = dgvList.CurrentRow.Cells[11].Value.ToString();
        txtTemperament.Text = dgvList.CurrentRow.Cells[12].Value.ToString();
        txtSpeciality.Text = dgvList.CurrentRow.Cells[13].Value.ToString();
        if (dgvList.CurrentRow.Cells[14].Value.ToString().Trim() != "")
            txtOrder.Text = dgvList.CurrentRow.Cells[14].Value.ToString();
        cmbDuty.Text = dgvList.CurrentRow.Cells[15].Value.ToString();
        cmbRank.Text = dgvList.CurrentRow.Cells[16].Value.ToString();
        cmbFaction.Text = dgvList.CurrentRow.Cells[17].Value.ToString();
        if (dgvList.CurrentRow.Cells[18].Value.ToString().Trim() != "")
            txtEnter.Text = dgvList.CurrentRow.Cells[18].Value.ToString();
        if (dgvList.CurrentRow.Cells[19].Value.ToString().Trim() != "")
            txtJoin.Text = dgvList.CurrentRow.Cells[19].Value.ToString();
        //处理图像字段，如果该列有数据，则把照片显示在控件里
        if (dgvList.CurrentRow.Cells[20].Value != null)
        {
            //创建内存流对象，获取照片列的数据
            MemoryStream ms = new MemoryStream(
            (byte[])dgvList.CurrentRow.Cells[20].Value);
                //用内存流对象中的照片数据创建图像对象
            Image img = Image.FromStream(ms);
            //把图像对象显示在上部右边区域的 PictureBox 控件中
            picPhoto.Image = img;
        }
        else //否则在 PictureBox 控件中显示默认图片
        {
            Image img = Image.FromFile("default.jpg");
            picPhoto.Image = img;
        }
        txtNote.Text = dgvList.CurrentRow.Cells[21].Value.ToString();
    }
```

（2）**保存**：在控件中输入数据，单击"保存"按钮可存储这些数据。如果该编号的员工已经存在，就提醒这是修改已存储的员工，否则提醒这是增加新员工。代码如下：

```
string id = txtID.Text.Trim();
if (id.Length == 0)
{
MessageBox.Show("编号不能为空哦。");
    return;
}
//判断该记录是否存在
EmployeeBL bl = new EmployeeBL();
if (bl.IsDataExist(id))     //注意：IsDataExist 是 BLL 层提供的"服务"
{
DialogResult dr = MessageBox.Show("这是企业员工哦，确定要修改吗？",
                                    "提醒",
                                    MessageBoxButtons.YesNo,
```

```
                                            MessageBoxIcon.Exclamation);
    if (dr.Equals(DialogResult.Yes))
        {
            FillEntity();
            if(bl.Update(emp))   //注意：Update 是 BLL 层提供的"服务"
                MessageBox.Show("修改成功！");
            else
                MessageBox.Show("修改失败！");
        }
}
else
{
DialogResult dr = MessageBox.Show("这是新员工哦，确定要添加吗？",
                                  "提醒",
                                  MessageBoxButtons.YesNo,
                                  MessageBoxIcon.Exclamation);
    if (dr.Equals(DialogResult.Yes))
        {
            FillEntity();
            if(bl.Insert(emp))   //注意：Insert 是 BLL 层提供的"服务"
                MessageBox.Show("增加成功！");
            else
                MessageBox.Show("增加失败！");
        }
}
```

其中，FillEntity 方法用于把用户在上部区域控件中输入的数据放到 Employee 对象中，以便于传递该员工的数据到 BLL 层。其代码为：

```
Employee emp = new Employee();   //Employee 为实体层的类
private void FillEntity() {
    emp.id = txtID.Text;
    emp.name = txtName.Text;
    if (rdoMale.Checked)    emp.gender = "男";
    if (rdoFemale.Checked)    emp.gender = "女";
    emp.birthday=dttBirthday.Value.ToString();
    emp.stature= Convert.ToByte(numStature.Value);
    emp.constellation = txtConstellation.Text;
    emp.origin = cmbOrigin.Text;
    emp.address = txtAddress.Text;
    emp.nickname = txtNickname.Text;
    emp.family = cmbFamily.Text;
    emp.status = cmbStatus.Text;
    emp.speciality = txtSpeciality.Text;
    emp.appearance = txtAppearance.Text;
    emp.temperament = txtTemperament.Text;
    emp.order = Convert.ToInt32(txtOrder.Text);
    emp.duty = cmbDuty.Text;
    emp.rank = cmbRank.Text;
    emp.faction = cmbFaction.Text;
    emp.enter = Convert.ToInt16(txtEnter.Text);
    emp.join = Convert.ToInt16(txtJoin.Text);
    //下面处理图像控件
    if (picPhoto.Image != null)
```

```
    {
        MemoryStream ms = new MemoryStream();
        picPhoto.Image.Save(ms, ImageFormat.Jpeg);
        ms.Seek(0, SeekOrigin.Begin);
        emp.photo = new byte[ms.Length];
        ms.Read(emp.photo, 0, emp.photo.Length);
    }
    else
        emp.photo = null;
    emp.note = txtNote.Text;
}
```

(3) **删除**：在"编号"文本框输入员工编号，单击"删除"按钮可删除此员工，删除前会提示是否删除该员工的信息。代码如下：

```
string id = txtID.Text.Trim();
if (id.Length == 0){
    MessageBox.Show("编号不能为空哦。");
    return;
}
EmployeeBL bl = new EmployeeBL();
if (bl.Delete(id))          //注意：Delete 是 BLL 层提供的服务
    MessageBox.Show("删除成功！");
else
    MessageBox.Show("删除失败！");
```

(4) **浏览**：单击"员工一览"按钮，会在下面部分输出全部员工的所有信息。单击清单中的任何一个员工，该员工的信息会在上面部分显示出来，便于编辑和修改。代码如下：

```
EmployeeBL bl = new EmployeeBL();
List<Employee> lst = new List<Employee>();
lst = bl.GetList(null);                      //参数 null 表示获取所有记录
dgvList.DataSource = lst;
DisplayRecord();
```

(5) **选择照片**：单击"选择照片"按钮，可以选择一幅照片(图中是默认照片)。代码如下：

```
DialogResult result = dlgPhoto.ShowDialog();   //显示"打开"对话框
if (result != DialogResult.OK)    return;             //如果用户没单击"确定"按钮，直接返回
//创建文件流对象，用于存放打开的图像文件数据
FileStream fs = new FileStream(dlgPhoto.FileName,
FileMode.Open, FileAccess.ReadWrite);
byte[] buf = new byte[fs.Length];    //创建字节数组缓冲区
fs.Read(buf, 0, buf.Length);             //把文件流对象中的图像数据读取到缓冲区中
MemoryStream ms = new MemoryStream(buf);   //用缓冲区中字节数据创建内存流对象
Image img = Image.FromStream(ms);      //用内存流对象中的数据创建图像对象
picPhoto.Image = img;       //把图像对象显示在图片控件中
```

这段代码涉及几个对象的"合作"，打开并显示图片的流程为：OpenFileDialog→FileStream→byte[]→MemoryStream→Image→PictureBox。要注意体会这些组件的"协作性"方式和数据的"流动性"。

(6) **保存照片**：单击"保存照片"按钮，可以把该照片存储为对应编号的员工的照片(该

员工的信息事先已经存在数据库中)。代码如下：

```
string id = txtID.Text.Trim();
if (id.Length == 0)
{
    MessageBox.Show("编号不能为空哦。");
    return;
}
if (picPhoto.Image != null)
{
    MemoryStream ms = new MemoryStream();
    picPhoto.Image.Save(ms, ImageFormat.Jpeg);    //把图片控件中的数据存入内存流对象
    ms.Seek(0, SeekOrigin.Begin);      //定位到内存流的开始位置
    byte[] buf = new byte[ms.Length];
    ms.Read(buf, 0, buf.Length);         //将内存流对象携带的数据存入字节缓冲区
    //创建 BLL 层的业务逻辑对象，调用其服务完成相关任务
    EmployeeBL bl = new EmployeeBL();
    if (bl.UploadPhoto(id,buf))//注意：UploadPhoto 是 BLL 层提供的服务
        MessageBox.Show("保存照片成功！");
    else
        MessageBox.Show("保存照片失败！");
}
```

9.3.5 实现 BLL 层的 EmployeeBL 类

由于员工数据维护方面的业务相对比较单一，EmployeeBL 也比较简单，主要实现判断数据字段是否存在(IsDataExist)、获取数据清单(GetList)、添加(Insert)数据、删除(Delete)数据、更新(Update)数据、上传图像(UploadPhoto)数据。

(1) 判断数据字段是否存在的代码段如下：

```
public bool IsDataExist(string id)
{
    //构造数据查询命令
    string sql = "SELECT Count(*) FROM Employee WHERE id='" + id + "'";
    //创建 DAL 层的数据库对象并获取数据库类型和位置，其中
    //IDB 是 DAL 层对外提供的接口，DBFactory 对象可创建并返回数据库对象
    IDB db = DBFactory.GetDB();//注意：GetDB 是 DAL 层提供的服务
    //判断用户是否存在
    if (db.IsDataExist(sql)) //注意：IsDataExist 是 DAL 层提供的服务
        return true;
    else
        return false;
}
```

(2) 获取数据清单的代码段如下：

```
public List<Employee> GetList(string id)
{
    string sql = "SELECT * FROM Employee ";
    if (id != null)    //如果 id 值为 null，获取全部数据
        sql += " WHERE id = '" + id + "'";
    sql += " ORDER BY [order]";       //按座次排序
```

```
        IDB db = DBFactory.GetDB();
        DataTable dt = db.Select(sql); //注意：Select 是 DAL 层提供的服务
        //将获取的所有记录转存到 Employee 实体列表对象中以便返回到 UIL 层
        List<Employee> lst = new List<Employee>();
        for (int i = 0; i < dt.Rows.Count; i++)
        {
            Employee obj = new Employee();
            obj.id = dt.Rows[i]["id"].ToString();
            obj.name = dt.Rows[i]["name"].ToString();
            obj.gender = dt.Rows[i]["gender"].ToString();
            obj.birthday = dt.Rows[i]["birthday"].ToString();
            if (dt.Rows[i]["stature"] != System.DBNull.Value)
                obj.stature = Convert.ToByte(dt.Rows[i]["stature"].ToString());
            obj.constellation = dt.Rows[i]["constellation"].ToString();
            obj.origin = dt.Rows[i]["origin"].ToString();
            obj.address = dt.Rows[i]["address"].ToString();
            obj.nickname = dt.Rows[i]["nickname"].ToString();
            obj.family = dt.Rows[i]["family"].ToString();
            obj.status = dt.Rows[i]["status"].ToString();
            obj.appearance = dt.Rows[i]["appearance"].ToString();
            obj.temperament = dt.Rows[i]["temperament"].ToString();
            obj.speciality = dt.Rows[i]["speciality"].ToString();
            obj.order = Convert.ToInt32(dt.Rows[i]["order"].ToString());
            obj.duty = dt.Rows[i]["duty"].ToString();
            obj.rank = dt.Rows[i]["rank"].ToString();
            obj.faction = dt.Rows[i]["faction"].ToString();
            obj.join = Convert.ToInt16(dt.Rows[i]["join"].ToString());
            obj.enter = Convert.ToInt16(dt.Rows[i]["enter"].ToString());
            if(dt.Rows[i]["photo"]!=System.DBNull.Value)
                obj.photo = (byte[])dt.Rows[i]["photo"];
            obj.note = dt.Rows[i]["note"].ToString();
            lst.Add(obj);
        }
        return lst;
}
```

(3) 删除数据的代码段如下：

```
public bool Delete(string id)
{
        string sql = "Delete From [Employee] WHERE id='" + id + "'";
        IDB db = DBFactory.GetDB();
        if (db.Update(sql) > 0)   //注意：Update 是 DAL 层提供的服务
            return true;
        else
            return false;
}
```

(4) 上传图像数据的代码段(pid 为员工编码，pic 为图像数据)：

```
public bool UploadPhoto(string pid, byte[] pic)
{
        IDB db = DBFactory.GetDB();
        if (db.UploadPhoto(pid, pic))//注意：UploadPhoto 是 DAL 层提供的服务
            return true;
        else
```

```
        return false;
}
```

(5) 添加数据的代码段如下：

```
public bool Insert(Employee s)
{
    string sql = "INSERT INTO Employee(id,name,...) VALUES(";
    sql += "'" + s.id + "','" + s.name + "','" + ... + "')";
    IDB db = DBFactory.GetDB();
    if (db.Update(sql) > 0) //注意：Update 是 DAL 层提供的"服务"
        return true;
    else
        return false;
}
```

这段代码中，SQL 语句省略了许多字段，实际进行程序设计时须补上相关字段。另外，更新数据代码与添加数据代码类似，用 UPDATE 指令代替 INSERT 指令即可，请自行实现数据更新功能。

9.3.6 实现 DAL 层的数据库类

DAL 层面向的数据库类型可能是 Access、SQL Server、MySQL 或 Oracle 等。为了让各层独立演化，使得 DAL 层的变化不会影响到 BLL 层，本案例采用面向接口的方法实现。因此，设计了一个通用接口 IDB。BLL 层只面向 IDB 设计，DAL 内部可以根据不同的 DBMS 去实现 IDB。DAL 内部不管怎么去实现 IDB，都不会影响到 BLL 层模块的实现。

DAL 层的类结构如图 9-13 所示。图中，Access、SQL Server、MySQL、Oracle 等为具体的数据库类。它们分别实现 IDB 接口。

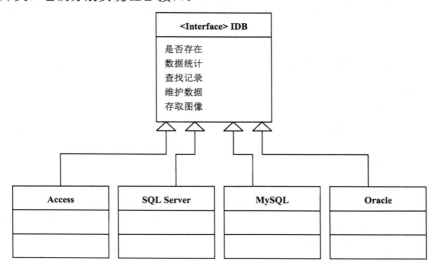

图 9-13 数据访问体系

(1) IDB 接口代码如下：

```
public interface IDB
```

```
    {
        bool IsDataExist(string sql);
        DataTable Select(string sql);
        int Update(string sql);
        bool UploadPhoto(string pid, byte[] pic);
    }
```

(2) Util 类目前只放了一个全局变量 connString，用于存放数据库连接字符串：

```
public static string connString;
```

(3) Access 类的实现代码如下：

```
public class Access : IDB        //Access 类实现 IDB 接口
{
    public DataTable Select(string sql)        //查找所需数据
    {
        DataTable dt = new DataTable();
        OleDbConnection conn = new OleDbConnection(Util.connString);
        OleDbCommand cmd = new OleDbCommand(sql, conn);
        OleDbDataAdapter da = new OleDbDataAdapter(sql, conn);
        try {
            conn.Open();
            da.Fill(dt);
        }
        catch (OleDbException ex) {        }
        finally{     conn.Close();     }
        return dt;
    }
    public bool IsDataExist(string sql)    //判断数据是否存在
    {
        OleDbConnection conn = new OleDbConnection(Util.connString);
        OleDbCommand cmd = new OleDbCommand(sql, conn);
        int count=0;
        try{
            conn.Open();
            count=(int)cmd.ExecuteScalar();
        }
        catch (OleDbException ex) {        }
        finally {    conn.Close();    }
        if (count > 0)    return true;
        else              return false;
    }
    public int Update(string sql)    //数据更新
    {
        OleDbConnection conn = new OleDbConnection(Util.connString);
        OleDbCommand cmd = new OleDbCommand(sql,conn);
        try{
            conn.Open();
            return cmd.ExecuteNonQuery();
        }
        catch (OleDbException ex){    return -1;    }
        finally{     conn.Close();    }
    }
    public bool UploadPhoto(string pid, byte[] pic)    //上传图像数据
    {
```

```
OleDbConnection conn = new OleDbConnection(Util.connString);
try{
    string sql = "UPDATE PersonalData SET [photo] = @pic WHERE [id]='"+pid+"'";
    conn.Open();
    OleDbCommand cmd = new OleDbCommand(sql, conn);
    cmd.Parameters.AddWithValue("@pic", pic);    //字节数据赋值用参数
    cmd.ExecuteNonQuery();
}
catch (OleDbException ex) {    return false;    }
finally { conn.Close(); }
return true;
    }
}
```

(4) DBFactory 类的作用是创建并返回具体的数据库对象。由于要到 App.config 文件读取数据库连接字符串，App.config 文件要保存一些连接数据库的信息，例如：

```
<configuration>
<appSettings>
<!—这是 SQL Server 2008 的数据库连接字符串
<add key="conn" value="Integrated Security=SSPI; Initial catalog=MyERP;
Server=.\SQLEXPRESS"/>
    -->
    <!—下面是 Access 2003 的数据库连接字符串  -->
    <add key="conn" value="Provider=Microsoft.Jet.OLEDB.4.0;
Data Source=|DataDirectory|\MyERP.mdb" />
</appSettings>
...
```

DBFactory 称为工厂模式类，代码如下：

```
public static class DBFactory
{
    public static IDB GetDB()
    {
        //从 App.config 文件获取数据库连接字符串,conn 是其关键字
        Util.connString = ConfigurationManager.AppSettings["conn"].ToString();
        //取字串，用于判断数据库类型
        string dbms = Util.connString.Substring(9, 5);
        switch (dbms)
        {
            case "d Sec":
                return new SQLServer();    //创建并返回 SQL Server 类对象
            case "Micro":
                return new Access();        //创建并返回 Access 类对象
            default:
                return null;
        }
    }
}
```

在调试这个案例程序时，要注意各层之间的引用。例如，MyUIL 层要引用 MyBLL 层，MyBLL 层要引用 MyDAL 层。另外，MyEntity 层的类用于在各层之间传输数据，也要被用到的层引用。

最后来看看员工数据维护程序的运行结果。图 9-14 是单击"员工一览"按钮后显示的梁山集团所有员工的信息，可以在此基础上对员工进行增删改等数据维护操作。

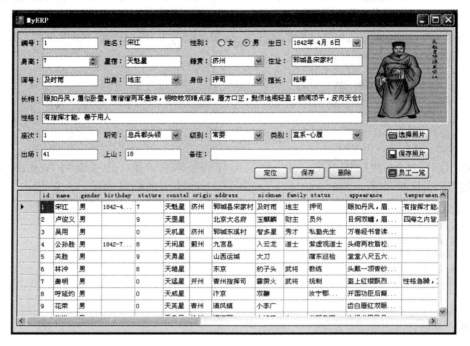

图 9-14　MyERP 运行结果之一(员工一览)

习　题　9

1. 为本书案例设计用户登录功能。
2. 在本书案例基础上，增加 2～3 个功能模块。
3. 模仿本书案例实现一个较为实用的管理信息系统。

参 考 文 献

[1] 郑宇军，石海鹤等. C#语言程序设计基础[M]. 3 版. 北京：清华大学出版社，2014.

[2] 杨树林，胡洁萍. C#程序设计与案例教程[M]. 2 版. 北京：清华大学出版社，2014.

[3] 郭文夷，姜存理. C#. NET 框架高级编程技术案例教程[M]. 北京：清华大学出版社，2015.

[4] 江红，余青松. C#程序设计教程[M]. 2 版. 北京：清华大学出版社，2014.

[5] 夏敏捷，罗菁等. Visual C#. NET 基础与应用教程[M]. 北京：清华大学出版社，2014.

[6] 毕文斌，孙明亮等. C# Windows 游戏设计[M]. 北京：清华大学出版社，2014.

[7] 孙践知，张迎新等. C#程序设计[M]. 北京：清华大学出版社，2010.

[8] 刘铁猛. 深入浅出 WPF[M]. 北京：中国水利水电出版社，2010.

[9] 李响. 葵花宝典：WPF 自学手册[M]. 北京：电子工业出版社，2010.

[10] 马丁. 敏捷软件开发：原则、模式与实践(C#版)[M]. 北京：人民邮电出版社，2008.

[11] 张基温. C++程序设计基础[M]. 北京：高等教育出版社，1996.

[12] 王萍. C++面向对象程序设计[M]. 北京：清华大学出版社，2002.

[13] Y. Daniel Liang. C++程序设计(英文版)[M]. 3 版. 北京：机械工业出版社，2013.

[14] 钱能. C++程序设计教程[M]. 2 版. 北京：清华大学出版社，2005.

[15] 侯捷，於春景. C++设计新思维：泛型编程与设计模式之应用[M]. 武汉：华中科技大学出版社，2003.

[16] 帕特. 计算机系统概论(英文版)[M] . 2 版. 北京：机械工业出版社，2006.

[17] 阎宏. Java 与模式[M] . 北京：电子工业出版社，2002 .

[18] 阿朱. 走出软件作坊[M] . 北京：电子工业出版社，2009.

[19] 程杰. 大话设计模式[M]. 北京：清华大学出版社，2007.

[20] 温昱. 软件架构设计[M]. 北京：电子工业出版社，2012.

[21] 崔晓阳. ERP 123：企业应用 ERP 成功之路[M]. 北京：清华大学出版社，2005.

[22] 柳中冈. 漫画 ERP：轻松掌握现代管理工具[M]. 北京：清华大学出版社，2005.

[23] 路晓辉. ERP 制胜：有效驾驭管理中的数字[M]. 北京：清华大学出版社，2005.

[24] Erich Gamma，Richard Helm，Ralph Johnson，John Vlissides. Design Patterns: Elements of Reusable Object-Oriented Software. 北京：机械工业出版社，2004.

[25] 同济大学数学系. 高等数学[M]. 6 版. 北京：高等教育出版社，2007.

[26] 英国柯林斯出版公司. 柯林斯高阶英汉双解学习词典[M]. 8 版. 北京：外语教学与研究出版社，2017.

[27] 战国策. 缪文远，缪伟，罗永莲注. 北京：中华书局，2012.

[28] 孔子家语. 王国轩，王秀梅译. 北京：中华书局，2011.

[29] 吕氏春秋. 陆玖译. 北京：中华书局，2011.

[30] 坛经. 尚荣注. 北京：中华书局，2013.

[31] 列子. 叶蓓卿译. 北京：中华书局，2015.

[32] 全唐诗. 北京：中华书局，1999.

[33] 诗经. 王秀梅译. 北京：中华书局，2015.

[34] Microsoft. C Sharp Programming. Wikibooks.org

[35] https://www.microsoft.com/net/

[36] https://docs.microsoft.com/en-us/dotnet/csharp/programming-guide/concepts/reflection

[37] Report On The Wrok Of The Government. 第 12 届 NPC 第 5 次会议.
http://www.npc.gov.cn/englishnpc/Special_13_1/2018-03/04/content_2041364.htm

[38] https://en.wikipedia.org/wiki/Object-oriented_programming

[39] https://en.wikipedia.org/wiki/Computer

[40] https://en.wikipedia.org/wiki/Computer_program

[41] https://en.wikipedia.org/wiki/Computer_programming

[42] https://en.wikipedia.org/wiki/Programming_language

[43] https://en.wikipedia.org/wiki/Programming_paradigm

[44] https://en.wikipedia.org/wiki/Object-oriented_programming

[45] https://en.wikipedia.org/wiki/Polymorphism_(computer_science)

[46] https://en.wikipedia.org/wiki/Abstract_type

[47] https://en.wikipedia.org/wiki/C_Sharp_(programming_language)

[48] https://en.wikipedia.org/wiki/Paradigm

[49] https://en.wikipedia.org/wiki/Programming_paradigm

[50] https://en.wikipedia.org/wiki/Computer_file

[51] https://en.wikipedia.org/wiki/Database

[52] https://en.wikipedia.org/wiki/Data_structure

[53] https://en.wikipedia.org/wiki/Multimedia

[54] https://en.wikipedia.org/wiki/Engineering

[55] https://en.wikipedia.org/wiki/Informatization

[56] https://en.wikibooks.org/wiki/C_Sharp_Programming/NET_Framework_overview

[57] https://baike.baidu.com/item/居民身份证号码/3400358?fr=aladdin

[58] https://baike.baidu.com/item/烽火戏诸侯/34836?fr=aladdin

[59] https://baike.baidu.com/item/函数/301912?fr=aladdin

[60] https://en.wikipedia.org/wiki/Object_Management_Group